Back
to Basics | Grundlagen
des Fliegens

BACK TO
BASICS

Aus ›Flying Magazine‹

GRUNDLAGEN DES FLIEGENS

Das Flugzeug
Das Cockpit
Der Pilot

Motorbuch Verlag Stuttgart

Einbandgestaltung: Siegfried Horn
unter Verwendung eines Farbdias aus dem Archiv Peter Pletschacher.

Copyright © by Litton Educational Publishing Inc., New York.
Die englischsprachige Ausgabe ist dort erschienen unter dem Titel
›Back to Basics‹.

Die Übertragung ins Deutsche besorgte **Peter Pletschacher.**

ISBN 3-87943-926-5

1. Auflage 1983.
Copyright © by Motorbuch Verlag, Postfach 1370, 7000 Stuttgart 1.
Eine Abteilung des Buch- und Verlagshauses Paul Pietsch GmbH & Co. KG.
Sämtliche Rechte der Verbreitung in deutscher Sprache sind vorbehalten.
Satz und Druck: Druckhaus Schwaben GmbH, 7100 Heilbronn.
Bindung: Großbuchbinderei E. Riethmüller, 7000 Stuttgart.
Printed in Germany.

Inhalt

Vorwort 7

1. Das Flugzeug 8

2. So funktionieren die Flügel 14

3. Klappensysteme 20

4. Pendelruder 27

5. Propeller 32

6. Propeller und Gas 36

7. Das Instrumentenbrett 40

8. Sei nett zum Triebwerk 47

9. Alles über das Öl 56

10. Das elektrische System 59

11. Turbolader 63

12. Der Autopilot 67

13. Gewicht und Schwerpunkt 70

14. Wie man am besten vom Boden wegkommt 76

15. Einige Tricks für die Starttechnik 81

16. Tips für die Gemischregelung 90

17. Wind, Geschwindigkeit und Reichweite 97

18. Wie man mehr Kilometer macht ohne Mehrverbrauch . 103

19. Die gefährlichste Legende 108

20. Fluglage plus Gasstellung = Leistung 118

21. Ungünstige Winde 123

22. . . . und Querwinde 127

23. . . . und das Kurven aus dem Wind 132

24. Wenn die Sonne untergeht 137

25. Vereisung im Ansaug-System 142

26. Notfälle in zweimotorigen Flugzeugen 146

27. Trudeln 150

28. Notlandungen 156

29. Schweben, Schweben, Schweben 162

30. IFR oder VFR? 166

31. Der Fehlanflug 170

Vorwort

Alle Piloten sind Flugschüler, unabhängig davon, welche Lizenz sie in der Tasche tragen. So lange wir leben und fliegen hört das Lernen nicht auf – wir lernen Dinge, die wir noch nicht wußten, frischen aber auch Kenntnisse auf, die wir vergessen haben.

Die Artikelserie »Back to Basics« in der amerikanischen Zeitschrift »Flying« sprach alle Schüler des verschiedensten Erfahrungsniveaus an. Wir hoffen, daß die Artikel für Anfänger lehrreich, aber auch für ausgebildete Piloten interessant sein würden. Zu unserer Überraschung wurde die Serie begeistert aufgenommen, obwohl wir die Themen sehr einfach anpackten. Oft sind solche Dinge ja überladen dargestellt, als ob es sich um etwas Geheimnisvolles handelte. Flugschüler dankten uns dafür, daß wir Unverständliches klargemacht hätten, und Fluglehrer gratulierten uns, weil wir erstmals einfache, genaue und vor allem aber korrekte Erklärungen gaben für Begriffe wie Laminarströmung oder Ladedruck (die an sich so grundlegend sind, daß sie normalerweise völlig übersehen werden und in der Gedankenwelt eines Piloten für immer mit einem Schleier der Geheimnistuerei umgeben sind). Ältere Piloten hielten uns für verrückt, denn Kurven aus dem Wind heraus seien eben etwas anderes. Wir versuchten gründlich, systematisch, erschöpfend und wissenschaftlich korrekt zu schreiben – darüber hinaus aber auch interessant. Und wir glauben, dieses Ziel weitgehend erreicht zu haben. Das war der Grund, warum wir diese Serie, ergänzt durch einige zusätzliche Kapitel, in einem Buch zusammengefaßt haben. Eine Gruppe von erfahrenen Fliegern und Journalisten hat ihre besten Kenntnisse darin zusammengefaßt. Es soll unterhalten, belehren – und vielleicht sogar Leben retten.

Robert B. Parke
Herausgeber, ›Flying Magazine‹

1. Das Flugzeug

Die Menschheit brauchte einige hundert Jahre an Versuchen – und Tausende von Jahren, um zu Versuchen überhaupt fähig zu sein – bis sie eine Flugmaschine bauen konnte. Heute weiß jedes Kind, wie man aus einem Stück Papier ein vogelähnliches Flugzeugmodell macht.

Leute, die in Flugzeugen reisen, machen sich über deren Geheimnisse normalerweise keine Gedanken. Piloten können sich diese Sorglosigkeit nicht leisten: In der Luft ist Unwissenheit kein Vergnügen. Wenn irgendein Teil seinen Dienst versagt oder bricht, sollte es besser nicht gerade dasjenige sein, dessen Funktion man nicht mehr kennt.

Die ersten fünf Kapitel des Buches befassen sich mit der Physik des Flügels und mit der Funktion einiger Teile des Flugzeugs, sie erweitern das Wissen um das fliegende Gerät an sich. Die weiteren Kapitel wenden sich mehr der Praxis zu: Es geht dabei um all die Dinge, mit denen man es täglich beim Fliegen zu tun hat.

Wenn man tagtäglich mit Automobilen lebt, ist es ein Vergnügen, ein Flugzeug zu betrachten. Flugzeuge verbinden industrielle Kunstfertigkeit und Gefühl in einzigartiger Weise. Wie beim Schachspiel kann man viele Züge machen, und alles, was sich auf dem Brett entwickelt, kann, so seltsam es auch aussehen mag, auf eine kleine Anzahl von Regeln zurückgeführt werden. Auch auf dem Reißbrett eines Flugzeugkonstrukteurs gibt es Regeln – und um die Sache etwas spannender zu machen, sind einige der Regeln nur teilweise bekannt. Ob man die Regeln eingehalten hat, das zeigt sich dann im Verhalten eines Flugzeugs, und jede Maschine spiegelt den Kampf des Konstrukteurs wider, der seine Wunschvorstellungen mit den Launen des unsichtbaren, aber außerordentlich wichtigen Elements Luft in Einklang bringen mußte. Die Luft ist immer gegenwärtig, sie stellt hartnäckig ihre Forderungen, aber daneben gibt es auch Anforderungen der Praxis, der menschlichen Fracht, des Stylings, des Marktes, der Kosten und des Service. Jedes Flugzeug, so erklären die Konstrukteure, ist eine Ansammlung von Kompromissen, die in enger Formation fliegen. Die Kunst des Flugzeugbaus besteht darin, daß man die vielen hinderlichen Umstände umgeht, und den schwierigen Gesetzen der Luft gerecht wird, so daß das Flugzeug nicht wie ein Bündel von Kompromissen aussieht, sondern wie das Ergebnis zielstrebiger Arbeit.

Kleine Flugzeuge werden oft, aus welchen Gründen auch immer, recht bunt bemalt – das scheint ein ungeschriebenes Gesetz in der Industrie zu sein – und die Linien der Maschinen werden dadurch so verfälscht, als ob man die Flugzeuge tarnen wollte. Manchmal sehen sie geradezu wie Spielzeuge aus. Aber dieser Eindruck täuscht; denn sie sind mit höchstem Geschick und Können entwickelt, und beim Bau wird jedem Detail so viel Aufmerksamkeit gewidmet, daß der Ausdruck »Flugzeugqualität« voll berechtigt ist. Das bedeutet, daß jeder Werkstoff, jedes Einzelteil und jeder Herstellungsvorgang nach strengsten Qualitätskriterien sorgfältig ausgewählt wurde. Unter dem spielzeugähnlichen, buntbemalten Äußeren verbirgt sich ein anspruchsvolles Stück Technik.

Fast alle heute gebauten Flugzeuge haben die gleiche grundsätzliche Struktur: Eine Haut von dünnem Aluminiumblech ist über Spanten, Holme, Rippen und Stringer gezogen, und das ganze wird mit Bolzen und Nieten zusammengehalten. Dieses Konstruktionsprinzip wird seit etwa 1930 in der Industrie fast unverändert angewandt. Erst in jüngster Zeit wichen eine nicht unerhebliche Zahl von Flugzeugmustern von diesem konventionellen Schema ab: Hochgeschwindigkeits-Jets werden aus Titan oder rostfreiem Stahl in Honigwabenbauweise hergestellt, um die Reibungshitze bei mehrfacher Schallgeschwindigkeit zu überstehen. Und am anderen Ende der Skala stehen Segelflugzeuge aus Glasfaser-Kunststoff, die mit ihren glatten Oberflächen und den beliebigen Gestaltungsmöglichkeiten dieses Werkstoffs beste aerodynamische Voraussetzungen bieten. Die Duralbauweise – oder auch Halbschalenkonstruktion genannt – hat die Eigenart, daß die einzelnen Komponenten wegen des Zwangs zum Leichtbau außerordentlich dünn sind. Die Beplankungsbleche von Rudern beispielsweise sind kaum einen halben Millimeter dick – entsprechend etwa fünf Seiten dieses Buches. Diese Bleche sind an sich sehr empfindlich gegen Berührung, aber wenn sie gebogen sind, abgekantet oder verstärkt mit Rippen oder Spanten, werden sie zu erstaunlich steifen und doch leichten Gebilden.

So kann man aus dünnen Blechen eine gute, stromlinienförmige Schale bauen, aber sie ist damit noch nicht fest genug, um die hohen Kräfte im Flügel und am Leitwerk aufzunehmen. Denn es handelt sich dabei um lange, dünne Bauteile, die ja schließlich die gesamte Last des Rumpfes und der Triebwerke tragen müssen. Flügel und Leitwerksflächen haben deshalb in ihrem Inneren starke Holmträger ähnlich wie in Brücken oder Gebäuden. Und diese robusten Aluminium-Holme übernehmen die starken Biegekräfte der Luft, während die dünne Außenschale die Verdrehung des Flügels verhindert. Wenn man diese hohlen Schalen nun mit einigen Plexiglas-Fenstern unterbricht (Glas wäre zu schwer), die kompliziert geformten Teile aus Glasfaser-Kunststoff macht (in Metall wären diese mehrfach gebogenen Formen in der Herstellung zu teuer), dann hat man schon die Grundelemente eines Flugzeugs vor sich.

Bis jetzt haben wir nur für die aerodynamische Gestaltung und strukturelle Festigkeit gesorgt. Nun brauchen wir noch das Triebwerk, das Steuerungssystem und Fahrwerk, sowie die Instrumente und Funkanlagen. Im Laufe der Luftfahrtgeschichte haben die Konstrukteure den Weg des geringsten Widerstands gewählt und die Motoren entweder im Bug oder an den Flügelvorderkanten installiert. Man kann die Triebwerke natürlich auch woanders einbauen – über dem Rumpf beispielsweise, oder am Heck mit einer Druckschraube – aber aus verschiedenen Gründen ist die Installation im Bug ein sehr annehmbarer Kompromiß. Die in allen heutigen Leichtflugzeugen verwendeten Motoren sind luftgekühlte Boxer, daß heißt, daß die Zylinder paarweise gegenüber liegen, ganz ähnlich wie beim VW-Käfer. Die Zylinder haben Kühlrippen wie ein Motorradmotor. Die Kühlluft tritt normalerweise durch Öffnungen an der Vorderseite der Motorhaube ein, wird über den Motor und zwischen die Zylinder geleitet und nach unten durch weitere Öffnungen der Haube wieder ausgestoßen.

Die Aluminium-Propeller, meist mit zwei Blättern, sind geschmiedet und von Hand geformt, sie haben einen Durchmesser von rund zwei Metern. Dreiblatt-Propeller werden allerdings immer beliebter, denn sie erzeugen etwas weniger Lärm und vermitteln den Eindruck einer schwereren Maschine.

Der Treibstoff für die Motoren, die etwa 20 bis 75 Liter pro Stunde verbrauchen (typische Zahlen für die 100 bis 400 PS starken Triebwerke, wie sie heute in Leichtflugzeugen üblich sind), wird in Tanks gelagert, die normalerweise in den Flügeln untergebracht sind, manchmal auch in zusätzlichen, stromlinienförmigen Tip-Tanks. Einer der vielen Vorteile der Ganzmetall-Bauweise ist die Tatsache, daß ganze Partien der Flügel abgedichtet und als Treibstofftanks benutzt werden können, so daß keine zusätzlichen Behälter eingebaut werden müssen. Trotzdem wird in die Flügel vieler Flugzeuge ein Gummisack installiert, das kostet zwar etwas an Gewicht, erleichtert aber den Herstellungsvorgang. Normalerweise führt ein Leichtflugzeug ausreichend Treibstoff für mindestens vier Stunden Flug bei Reiseleistung mit sich. Einige Typen jedoch können bis zu zehn Stunden in der Luft bleiben.

Die meisten Flugzeuge sind mit drei Steuerorganen ausgerüstet, die es dem Piloten erlauben, die Maschine zu kontrollieren: Die Querruder an den Hinterkanten der Außenflügel, die Höhenruder am Ende der horizontalen Leitwerksflächen (viele Flugzeuge haben inzwischen vollbewegliche Pendelruder), und die Seitenruder an der senkrechten Leitwerksfläche. Jedes dieser Steuerorgane erzeugt Kräfte, die den Teil an dem sie installiert sind, entgegen ihrer Ausschlagrichtung bewegen: Wenn das Höhenruder nach oben ausgeschlagen wird, geht das Heck nach unten, wenn das Seitenruder nach rechts bewegt wird, dreht der Schwanz nach links, und wenn das rechte Querruder nach unten, und das linke entsprechend nach oben geht, (sie arbeiten immer gleichzeitig und entgegengesetzt) rollt das Flugzeug nach links.

Das Seitenruder wird durch Fußpedale bedient, an die üblicherweise auch die Radbremsen des Fahrwerks gekoppelt sind. Die Höhen- und Quersteuerung dagegen wird durch einen Knüppel oder ein Steuerhorn betätigt. Wenn man nach vorne drückt, hebt sich das Heck, und das Flugzeug gleitet nach unten. Zieht man jedoch, wird das Heck nach unten bewegt, die Maschine steigt. Durch Bewegungen des Steuerhorns nach links oder rechts werden

11

die Querruder bewegt, und das Flugzeug rollt in entsprechender Richtung um seine Längsachse. Das Seitenruder unterstützt zwar den Kurvenflug, aber für Richtungsänderungen sind die Querruder am wichtigsten.

Außer diesen Steuerorganen gibt es meist noch weitere bewegliche Flächen, die sogenannten Klappen, die hinten am Innenflügel installiert sind. Sie können nur gleichsinnige nach unten bewegt werden und erhöhen sowohl den Auftrieb als auch bei maximalem Ausschlag den Widerstand des Flügels, so daß man beim Start schon bei relativ geringer Geschwindigkeit genügend Auftrieb zum Abheben bekommt und andererseits bei der Landung langsam anschweben kann. Darüberhinaus dienen die Klappen dem Abbremsen und der Gleitwinkelsteuerung im Landeanflug.

Die Ruder und Klappen werden gewöhnlich mit Stahlkabeln betätigt, in manchen Flugzeugen aber auch mit Aluminium-Stangen. Seilzüge haben den Vorteil, daß sie leicht innerhalb der Flugzeugstruktur verlegt werden können, während Stangen direkter wirken und nicht nachgestellt werden müssen.

In Leichtflugzeugen dominiert der Typ des Dreibein-Fahrwerks mit zwei Haupträdern kurz hinter dem Schwerpunkt im Bereich der Tragflächen und einem Bugrad. Einfache, billige Maschinen haben ein festes Fahrwerk, das auch im Flug aus der Maschine herausragt. Es erzeugt natürlich einigen Widerstand, und ein Flugzeug mit gut 300 km/h Geschwindigkeit verliert dadurch rund 50 km/h. In teureren Hochleistungsmaschinen ist das Fahrwerk mit einem Mechanismus versehen, mit dem es in die Zelle eingezogen werden kann, wenn es nicht gebraucht wird. Das Einfahrsystem kann manuell, elektrisch, hydraulisch oder durch eine Kombination dieser Methoden betätigt werden. Um das Flugzeug zu komplettieren, braucht man eigentlich nur noch Sitze. Aber es soll auch leicht und sicher zu fliegen sein, und dazu sind einige Grundinstrumente nötig: Ein Höhenmesser, ein Fahrtmesser zur Anzeige der Geschwindigkeit gegenüber der umgebenden Luft, ein Kompaß zur Orientierung und einige Triebwerksinstrumente, die Auskunft geben über den Betriebszustand des Motors. Mehr braucht man zum Fliegen nicht.

Wenn man ein Flugzeug über die Mindestanforderungen hinaus ausrüsten will, gibt es praktisch keine Begrenzung nach oben, so lange der Geldbeutel mitspielt. Nur Gewichts- und Platzbeschränkungen können daran hindern, ein Leichtflugzeug mit Systemen auszustatten, wie sie in Verkehrsflugzeugen üblich sind, und ab der Klasse mittlerer Zweimots gilt selbst dieses Limit nicht mehr. Ohne diese Zutaten aber sind sich alle Flugzeuge ziemlich ähnlich: dünnwandige, leichte Aluminium-Schalen mit allgemein üblicher Formgebung. Jahrhundertelang haben die Menschen vergeblich danach gesucht – nach der fliegenden Maschine.

2. So funktionieren die Flügel

Die vereinfachte Erklärung für die Entstehung des Auftriebs – die Luft hat über dem Flügel einen längeren Weg zurückzulegen als unten, muß deshalb schneller fließen und erzeugt nach dem Bernoullischen Gesetz ein Unterdruckgebiet – ist nur annähernd richtig, sie dient mehr der Anschaulichkeit als der Erklärung. Denn damit wird nicht erklärt, warum ein symmetrisches Profil Auftrieb liefert, oder warum schon eine kleine Vergrößerung des Anstellwinkels einen erheblichen Anstieg des Auftriebs bewirkt. Wenn man dieses Phänomen verstehen will, muß man erst das Prinzip der »Zirkulation« begriffen haben, und das würde den Rahmen dieses Buches sprengen – normalerweise braucht man 20 Seiten dazu und eine Menge mathematischer Formeln. Man darf dabei aber auch nicht vergessen, daß das Gebiet der Strömungstechnik noch nicht völlig erforscht ist, und selbst die beste aerodynamische Theorie kann das Verhalten der Luftströmung um einen Flügel nicht bis ins letzte erklären. Unsere eigene Unkenntnis, und das ist tröstlich zu wissen, unterscheidet sich im Prinzip nicht allzu sehr von den noch mangelhaften Einsichten der Gelehrten.

Die Bernoullische Gleichung, angewandt auf den durch die Luft bewegten Flügel oder, wie es die Wissenschaftler sehen, auf die um den Flügel fließende Luft, sagt aus, daß der Druck mit steigender Geschwindigkeit sinkt und umgekehrt. Alles, was sich in der Atmosphäre befindet, ist ständig einem Umgebungsdruck ausgesetzt, dessen Größe davon abhängt, wie viel Atmosphäre über dem Objekt liegt – oder, anders ausgedrückt, wie hoch es sich über dem Meeresspiegel befindet. In Meereshöhe beträgt der Luftdruck etwa 1 kp/m^2, bzw. 1 bar. Da dieser Druck überall herrscht, wird er bei der Betrachtung der Auftriebserzeugung zunächst außer acht gelassen: Ein Unterdruck bedeutet nicht einen Druck, der geringer ist als das Vakuum, das ist physikalisch unmöglich, sondern damit ist ein Druck gemeint, der niedriger ist als der der umgebenden Atmosphäre. Der Druck an verschiedenen Teilen eines umströmten Flügels setzt sich aus zwei Größen zusammen: Aus dem dynamischen Druck, der durch die auf die Oberfläche aufprallenden Luftteilchen entsteht, und aus dem statischen Druck, den man mit einem an die Flügeloberfläche angeschlossenen Barometer messen kann.

Die Oberfläche eines Flügels kann man in drei Regionen einteilen. Die erste liegt in der Nähe der Vorderkante und erstreckt sich über einige Prozent der Flügeltiefe auf der Ober- und Unterseite: Hier trifft die Luft auf eine ziemlich stumpfe Fläche, und der dynamische Druck ist relativ hoch, er erreicht sein Maximum entlang der sogenannten »Staulinie«, wo die Luft geteilt wird. Alle Luftteilchen, die oberhalb dieser Linie auftreffen, fließen über den Flügel, alle darunter ankommenden weichen nach unten aus. Diejenigen Luftmoleküle, die genau auf der Staulinie aufprallen, werden zunächst völlig abgebremst und wandern dann erst entweder nach oben oder unten. Daher kommt auch der Ausdruck »Stau«, denn die Luft steht dort tatsächlich für kurze Zeit still. Die Staulinie bewegt sich nach unten und nach hinten, wenn der Anstellwinkel vergrößert wird.

Die nächste Region besteht aus dem größten Teil der oberen und unteren Fläche des Flügels. Die Luft fließt mit hoher Geschwindigkeit über den Flügel, aber die Oberfläche verläuft nahezu parallel zur Strömungsrichtung. Der dynamische Druck ist deshalb klein, und auch der statische Druck ist wegen der hohen Strömungsgeschwindigkeit geringer als der atmosphärische. Auf der Unterseite dagegen entsteht ein leichter Überdruck, der etwa ein Drittel des Auftriebs liefert, während der Unterdruck auf der Oberseite rund zwei Drittel erzeugt. Als dritte Region des Flügels kann man die unmittelbare Umgebung der Hinterkante bezeichnen. Dort herrscht ein verwirbeltes »Totwasser«-Gebiet, in dem der Druck etwas höher als der Umgebungsdruck ist.

Die Summe der Drücke auf der Ober- und Unterseite ist bei mäßigen Anstellwinkeln positiv. Bei anwachsendem Anstellwinkel bleiben die drei Regionen zwar noch bestehen, aber ihre Ausdehnung ändert sich etwas: bei hohen Anstellwinkeln in der Nähe des Überziehens ist der dynamische Druck an der Unterseite der Vorderkante hoch, der statische Unterdruck der Oberseite wandert nach vorne und steigt an, auch der Überdruck der Unterseite wächst, weil dort die Geschwindigkeit reduziert wird.

Die scharfe Hinterkante des Flügels ist für die Auftriebserzeugung sehr wichtig. Wäre sie abgerundet wie die Vorderkante, gäbe es dort eine zweite Staulinie, etwa spiegelbildlich zur vorderen. In diesem Falle wären, um eine vereinfachte Annäherung an die Gesetzmäßigkeiten der strömenden Luft zu geben, die Geschwindigkeiten und Drücke an der Flügelhinterkante entsprechend denen an der Vorderkante, und die auf den Flügel einwirkenden Kräfte würden sich gegenseitig aufheben. Die scharfe Hinterkante hindert jedoch die Luft daran, von der Überdruckzone zur Unterdruckzone nach oben zu fließen, so daß der Flügel eine Änderung der Strömungsrichtung der Luft verursacht: sie wird hinter dem Flügel leicht nach unten abgelenkt. Diese Abwärtsbeschleunigung ruft eine gleich große Reaktionskraft am Flügel hervor, die dem Gewicht der Maschine entgegenwirkt.

Die direkt an der Flügeloberfläche anliegenden Luftteilchen bewegen sich nicht, sie haften an den mikroskopisch kleinen Rauhigkeiten. Das kann man daran sehen, daß feiner Staub an der Oberfläche nicht weggeblasen wird, auch wenn man schnell fliegt. Die Luftmoleküle werden von den kleinen Unebenheiten einfach festgehalten. In einiger Entfernung von der Oberfläche dagegen herrscht die Geschwindigkeit der freien Luftströmung vor. Daraus folgt, daß es in der Nähe der Oberfläche eine Schicht gibt, in der sich Luftteilchen unterschiedlicher Geschwindigkeit gegeneinander reiben, man nennt sie »Grenzschicht«. An der Vorderkante ist die Grenzschicht extrem dünn, und sie wird erwartungsgemäß dicker, wenn die Luft weiter nach hinten fließt. Die Grenzschicht kann in zwei verschiedenen Typen auftreten – laminar oder turbulent. In einer laminaren Grenzschicht fließen die Luftteilchen parallel zueinander, und es gibt keine Verwirbelung. Sie ist sehr dünn – vielleicht einen bis zwei Millimeter –, und der Reibungswiderstand ist entsprechend klein. Man versucht deshalb, die Flügelprofile so zu gestalten, daß die laminare Grenzschicht über einen weiten Bereich der Flügeltiefe erhalten bleibt.

Die laminare Grenzschicht ist jedoch sehr empfindlich gegen Störungen. Je weiter sie nach hinten verläuft, desto leichter neigt sie zu

16

Verwirbelungen – wie Wasser, das über Steine fließt. Die Linie in Spannweitenrichtung, an der die Verwirbelung der Grenzschicht beginnt, ist klar zu definieren, da sich die laminare von der turbulenten Grenzschicht deutlich unterscheidet – man nennt sie die Umschlagslinie. Dahinter ist die Grenzschicht immer turbulent, und sie wird viel dicker als im laminaren Zustand. Der Widerstand steigt stark an. In der Nähe der Hinterkante beginnt sich die Grenzschicht von der Oberfläche abzulösen, und ein kleiner Teil der Luft fließt direkt an der Oberfläche nach vorne – so entsteht das bereits erwähnte Totwassergebiet. Diese Rückströmung kann man gelegentlich beobachten, wenn Wassertropfen an der Hinterkante nicht etwa weggeblasen werden, sondern sitzenbleiben oder sogar etwas entgegen der Flugrichtung nach vorne kriechen.

Es hängt weitgehend vom Flügelprofil, vom Anstellwinkel und von der Fluggeschwindigkeit ab, wo die Stau-, Umschlag- und Ablöselinien liegen. Bei einem vorgegebenen Flügelprofil und Flugzeuggewicht hängt das Verhalten der Luftströmung nur vom Anstellwinkel ab.

Bei großen Anstellwinkeln können die örtlichen Geschwindigkeiten an der Vorderkante sechs- bis siebenmal größer sein als die Geschwindigkeit des Flugzeugs. Doch die durchschnittliche Strömungsgeschwindigkeit ist an der Oberseite nicht sehr viel größer als an der Unterseite. Die lokalen Geschwindigkeitsspitzen müssen deshalb sehr hoch sein, dadurch ist erklärlich, daß bei kleinen Anstellwinkelvergrößerungen der Auftrieb sehr deutlich anwächst.

Da der Auftrieb so sehr von der Lage der Staulinie abhängt, wird klar, warum auch ein symmetrisches und sogar ein umgedrehtes Profil (im Rückenflug) Auftrieb erzeugt, wenn nur der Anstellwinkel groß genug ist. Wenn der Anstellwinkel steigt, wandert die Ablöselinie nach vorne, und das Totwassergebiet auf der Oberseite wird entsprechend größer. Man kann diese Strömungsverhältnisse durch Wollfäden beobachten, die auf den Flügel geklebt werden – sie zeigen im Gebiet abgelöster Strömung nach vorne. Ab einem bestimmten Anstellwinkel, bei konventionellen Profilen etwa 15 bis 18 Grad löst sich die Strömung schon kurz hinter der Vorderkante ab, vergleichbar vielleicht mit den Reifen eines Autos, die bei zu hohen Kurvengeschwindigkeiten die Haftung verlieren. Das

Totwassergebiet umfaßt die ganze Oberfläche, und der Flügel ist überzogen. Es wird zwar noch Auftrieb erzeugt, aber gleichzeitig auch erheblicher Widerstand, so daß ein Horizontalflug unmöglich wird, die Maschine sinkt.

Bei einigen Profilen reißt die Strömung nur sehr allmählich ab, weil sich die Ablöselinie ziemlich langsam nach vorne bewegt. Bei anderen, wie den bekannten Profilen der Serie 23 000, ist das Überziehen sehr abrupt, die Ablöselinie schnellt regelrecht nach vorne. Wieder andere, sehr dünne Profile mit scharfen Vorderkanten (in Leichtflugzeugen nicht benutzt) erzeugen zunächst eine Totwasser-»Blase« kurz hinter der Vorderkante, aber dann legt sich die Strömung wieder an und benimmt sich wie an anderen Profilen. Erst wenn die nach vorn wandernde Ablöselinie auf die Blase trifft, tritt der überzogene Zustand ein. Profile mit an sich scharfem Überziehverhalten, wie die Serie 23 000 können trotzdem für Flügel mit insgesamt gutmütigem Verhalten verwendet werden, wenn man die Tragflächen so gestaltet und verwindet, daß das Abreißen der Strömung nicht an allen Punkten gleichzeitig auftritt. Dabei wird die Strömung zuerst an der Flügelwurzel abreißen, so daß die Außenflügel zunächst noch tragen und die Querruder wirksam bleiben. Der Vorgang bis zum endgültigen Überziehen wird über einige Grad des Anstellwinkels verteilt.

Um das Überziehen möglichst zu höheren Anstellwinkeln hinauszuschieben, muß man dafür sorgen, daß die Ablöselinie und das Totwassergebiet nur sehr langsam nach vorne wandern. Dafür gibt es Vorkehrungen, die dafür sorgen, daß vom Überdruckgebiet der Flügelunterseite energiereiche Strömung auf die Oberseite fließt und das Abreißen verhindert. Ein Vorflügel beispielsweise führt von unten kurz hinter der Staulinie Luft nach oben, so daß die Ablösung bis zu sehr hohen Anstellwinkeln verschoben wird. Eine Krügerklappe, wie man sie an den inneren Flügelnasen mancher Airliner findet, besteht aus einer aus der Unterseite der Nase nach vorne schwenkenden Fläche, die die Staulinie künstlich nach unten verlegt, so daß mehr Luft höherer Energie über den Flügel fließt. Herabgezogene Nasen und vergrößerte Nasenradien helfen in ähnlicher Weise dazu, daß die Luft um die Vorderkante fließen kann, ohne sich abzulösen.

Kaum bekannt, aber sehr effektiv ist die Grenzschichtabsaugung:

Wenn man die Flügelfläche perforiert und im Inneren mit einer Pumpe einen starken Unterdruck erzeugt, kann man die turbulente Grenzschicht einfach absaugen, so daß nicht nur der Widerstand sinkt, sondern auch starke Totwassergebiete verhindert werden können. Zumindest theoretisch interessant ist die rotierende Flügelnase: Sie besteht aus einem langen Zylinder, der sich sehr schnell dreht, so daß die stagnierende unterste Grenzschicht mitgerissen wird. Auch dieses Verfahren könnte den Auftrieb steigern und die Ablösung hinauszögern.

Aus all dem geht klar hervor, wie wichtig die Flügelvorderkante für die Strömung ist: Ihre Form und Glätte beeinflussen Auftrieb, Widerstand und den Charakter der Grenzschicht. Der hintere Teil des Flügels ist, abgesehen von der wichtigen scharfen Hinterkante, weniger kritisch und kann erheblich verändert werden, ohne daß sich die Eigenschaften des Flügels entscheidend verändern. Natürlich ist kein Teil des Flügels unwichtig: Sogar kleine Änderungen in der Nähe der Hinterkante führen zu entsprechenden, wenn auch nur geringfügigen Veränderungen der Druckverteilung an der Vorderkante. Ein interessantes Beispiel für die gegenseitige Beeinflussung von Körpern, die in gewissem Abstand voneinander im Luftstrom liegen, ist ein einziehbares Fahrwerk: Ein Tiefdecker hat mit ausgefahrenem Fahrwerk eine geringere Überziehgeschwindigkeit als mit eingefahrenem, weil das Fahrwerk einen Druckanstieg unter dem Flügel erzeugt, damit die Staulinie verschiebt und eine energiereichere Strömung über dem Flügel verursacht – ähnlich wie eine Krüger-Klappe.

3. Klappensysteme

Es gibt einen grundlegenden Unterschied zwischen den Wirkungen der Klappen an der Vorder- und Hinterkante eines Flügels. Schlitzflügel, ausfahrbare Vorflügel und heruntergezogene Nasen dienen dazu, das Überziehen zu verzögern oder so abzumildern, daß ein Pilot bei geringen Geschwindigkeiten und hohen Anstellwinkeln fliegen kann, ohne sich am Rande des Abgrunds zu fühlen. Diese Methoden verschieben die auftriebserzeugende Fähigkeit des Flügels zu höheren Anstellwinkelbereichen, und da der Auftrieb mit dem Anstellwinkel steigt, kann der Flügel bei gegebener Geschwindigkeit mehr Auftrieb erzeugen. Feste oder bewegliche Vorflügel – erstere sind bekannt von der Do 27 oder der Swift, letztere von der Socata Rallye – erlauben erhebliche Auftriebssteigerungen, indem sie das Überziehen bis zu Anstellwinkeln von 25 bis 30 Grad hinauszögern (an normalen Flügeln reißt die Strömung schon bei 15 bis 18 Grad ab). Die Kehrseite der Medaille sind möglicherweise Unbequemlichkeiten und Steuerungsprobleme, wenn man es mit solch ungewöhnlich steilen Fluglagen zu tun hat. Herabgezogene Nasen, wie sie in einigen STOL-Umrüstkits für Serienflugzeuge angeboten werden, bieten zwar nur relativ kleine Verbesserungen des Auftriebsbeiwerts, aber sie erhöhen bei niedrigen Geschwindigkeiten die Stabilität und Gleichmäßigkeit der Luftströmung und erlauben es dem Piloten, den unteren Geschwindigkeitsbereich seiner Maschine ohne großes Risiko auszunutzen.

Hinterkanten-Klappen arbeiten anders: Sie sorgen nicht für höhere Anstellwinkel bis zum Überziehen, sondern erzeugen auch bei gegebenen Anstellwinkeln bessere Auftriebsbeiwerte. Der maximale Anstellwinkel ist mit ausgefahrenen Klappen normalerweise sogar etwas kleiner als bei eingefahrenen Klappen. Auftriebshilfen an der Vorder- und Hinterkante können kombiniert werden, um möglichst viel aus dem Flügel herauszuholen, und solche Systeme werden bei den meisten Airlinern und vielen STOL-Flugzeugen angewandt. Aber die größere Komplexität und die höheren Kosten verhindern die breite Anwendung bei Leichtflugzeugen.

Es gibt verschiedene Möglichkeiten, die Wirkung der Klappen zu erklären. Man kann sich vorstellen, daß der Flügel seinen Auftrieb durch Ablenkung der Luft nach unten erzeugt, und dieser Effekt wird durch Klappen verstärkt. Ebenso korrekt wäre die Erklärung, daß die Klappen die Wölbung des Flügels erhöhen. Dieser Begriff wird allerdings oft mißverstanden: Manchmal wird damit die Krümmung der Ober- oder Unterseite des Flügels verstanden. Aber genau genommen bedeutet Wölbung die Krümmung der Mittellinie oder Skelettlinie eines Profils, das heißt einer Linie genau in der Mitte zwischen der oberen und unteren Kontur. In einem symmetrischen Profil ist diese Linie eine Gerade: es gibt keine Wölbung. Aber gewöhnlich sind Profile oben mehr gekrümmt als unten, die Skelettlinien können viele verschiedene Formen haben: entweder in Form eines schwachen Kreisbogens wie bei den meisten Laminar-Profilen, oder so, daß die Krümmung mehr im vorderen Teil des Profils liegt, während der Rest mehr oder weniger gerade verläuft, wie in den Profilen der Serie 23 000; aber es gibt auch s-förmige und spitzbogenartige Wölbungen. Die Skelettlinie darf nicht verwechselt werden mit der Sehne, einer geraden Linie zwischen Vorder- und Hinterkante ohne Berücksichtigung der Wölbung. Nur in symmetrischen Profilen fallen beide Linien zusammen. Wenn ein Profil um eine Sehne herum geformt ist und die Wölbung verändert wird, erzeugt eine höhere Wölbung bei gegebenem Anstellwinkel (z. B. 0 Grad) größeren Auftrieb. Bei den üblichen Flügelprofilen kann man allgemein sagen, daß der Auftrieb mit der Wölbung steigt. Das Problem besteht jedoch darin, daß mit höherer Wölbung der Überzieh-Anstellwinkel reduziert wird. Deshalb bringt eine Verdoppelung der Wölbung keine Verdoppelung des Maximalauftriebs, wenn auch eine erhebliche Steigerung eintritt (unter Verdoppelung der Wölbung versteht man eine Verdoppelung des größten Abstands zwischen Skelettlinie und Sehne. Die Wölbung wird oft ausgedrückt als Prozentsatz zur Flügeltiefe. Am meisten gebräuchlich sind Werte zwischen 0% und 4%). Klappen erhöhen also die Wölbung und den Auftrieb.

Warum erhöht man anstelle dessen nicht gleich die Wölbung des ganzen Flügels? Wie so oft ändern sich damit aber gleich eine Menge anderer Faktoren: Zwar steigt mit der Wölbung der Auftrieb, aber leider auch der Widerstand. Um den Widerstand bei Reisegeschwindigkeit möglichst gering zu halten, wählen die Konstrukteure eine Wölbung, die im Reiseflug die beste Kombination von Auftrieb und Widerstand bieten. Das bedeutet aber eine ziemlich schwache Wölbung im Gegensatz zur starken, für den Maximalauftrieb erforderliche Wölbung, woraus folgt, daß man eine Möglichkeit zur Veränderung der Wölbung während des Fluges braucht. Die Bedeutung eines veränderbaren Auftriebsbeiwertes wird auch aus folgendem Argument sichtbar: Wenn man genügend Flügelfläche hätte, wären geringe Maximal-Auftriebsbeiwerte tolerierbar, aber größere Flügel erzeugen mehr Widerstand, und das wiederum beeinträchtigt die Reisegeschwindigkeit, was man bei den meisten kompromißlosen STOL-Flugzeugen ja auch beobachten kann. Bei Leichtflugzeugen allerdings wählt man durchaus etwas größere Flügelflächen, weil die kleine Einbuße an Reisegeschwindigkeit weniger Nachteile bringt als komplexe und teure Hochauftriebshilfen oder zu hohe Landegeschwindigkeiten.

Es gibt Flügel mit ziemlich großer Wölbung, entweder wenn ein Kompromiß zwischen Reise- oder Steigleistung erstrebt wird, oder weil ein für den Reiseflug bei einem bestimmten Gewicht entworfenes Flugzeug nur leicht beladen ist. Manche Segelflugzeuge sind mit Klappen ausgerüstet, die sowohl nach unten wie nach oben ausgeschlagen werden können, und bei einigen Maschinen können auch die Querruder um einige Grad nach oben verstellt werden. Damit kann man den Profil- und Trimmwiderstand vermindern und die Geschwindigkeit erhöhen. Leider wird diese ebenso einfache wie nützliche Methode nur bei sehr wenigen Flugzeugen angewandt. Eine je nach Geschwindigkeit und Beladezustand veränderliche Wölbung würde die Effizienz eines Flugzeugs nicht unwesentlich steigern, der Pilot hätte mehr Möglichkeiten, seine Maschine voll auszufliegen.

Heute werden hauptsächlich drei Klappentypen verwendet, wenn man einmal von den ungewöhnlichen und sehr seltenen Doppelflügeln und Zap-Klappen absieht: die Wölbklappe, die Spreizklappe und die Spaltklappe. Sie wirken alle ziemlich ähnlich: Durch Verdrehen nach unten vergrößern sie die Wölbung, und alle drei erhöhen bei Maximalausschlag auch den Widerstand, aber bei der Auftriebserhöhung gibt es Unterschiede.

Am einfachsten ist die Wölbklappe: Sie sieht aus wie ein Querruder, das nur nach unten ausschlägt, am Flügel angelenkt mit Lagern an der Klappenvorderkante. Der Spalt zwischen Flügel und Klappe ist abgedichtet, so daß kein Luftaustausch zwischen unten und oben stattfinden kann. Die Wölbklappe trägt nicht zur Vergrößerung der Flügeltiefe bei, erhöht ab etwa 20 Grad Ausschlag den Widerstand sehr stark und liefert höchstens 30% Auftriebszuwachs. Wegen dieser relativ schwachen Wirksamkeit wird die Wölbklappe meist nur in sehr billigen Flugzeugen eingebaut, wo es hauptsächlich auf einfache Konstruktion ankommt, und sie dient mehr der Gleitwinkelsteuerung als der Reduzierung der Landegeschwindigkeit (die Landegeschwindigkeit ist eine Funktion der Quadratwurzel des Auftriebsbeiwertes: Wenn man den Auftriebsbeiwert über die halbe Spannweite um 30% erhöht, sinkt die Landegeschwindigkeit nur um 7%, also etwa von 80 km/h auf 75 km/h).

Die Spreizklappe wurde nicht sehr oft verwendet, in der DC-3 beispielsweise oder in den Cessna-Zweimots der 300er und 400er Serie. Während und nach dem 2. Weltkrieg war dieser Klappentyp weit verbreitet, wurde aber seitdem von der Schlitzklappe verdrängt. Die Spreizklappe besteht aus einem ausfahrbaren Stück der Unterseite der Flügelhinterkante, normalerweise etwa 20% bis 25% der Flügeltiefe, das wie eine Wölbklappe nach unten schwenkt, wobei aber die Flügeloberseite fest bleibt. Überraschenderweise produziert die Spreizklappe bei gegebenem Auftriebsbeiwert etwas weniger Widerstand als die Wölbklappe und rund 50% Auftriebserhöhung. Wenn man wieder davon ausgeht, daß die Klappe über die halbe Spannweite reicht, kann eine Spreizklappe die Überziehgeschwindigkeit um rund 10% senken, also von 80 km/h auf 72 km/h.

Derzeit dominiert fast überall die Spaltklappe: Fast alle Leichtflugzeuge sind damit ausgerüstet. Dieser Klappentyp ist an Lagern aufgehängt, die etwas unterhalb der Flügelunterseite liegen (wie z. B. bei allen Piper Cherokees), oder an gekrümmten Schienenführungen (wie bei den Cessna-Hochdeckern). Die festen Lager haben den Vorteil größerer Einfachheit in der Herstellung, während die Schienenführungen noch mehr Klappenwirksamkeit ermöglichen: Sie werden nach ihrem Erfinder Harlan Fowler auch Fowler-Klappen genannt. Die Klappe wird dabei nicht nur nach unten geschwenkt, sondern auch gleichzeitig etwas nach hinten geschoben, so daß sich die Flügelfläche vergrößert. Die Spaltklappe ist wie ein kleiner Hilfsflügel geformt, und beim Ausfahren bildet die feststehende Hinterkante des Flügels eine Lippe, die etwas über der Vorderkante der Klappe hängt. Die Form des Spalteingangs an der Unterseite und die Abstimmung zwischen Lippe und Klappe entscheiden über die Wirksamkeit des ganzen Systems: Spaltklappen sind empfindlich gegen kleine Änderungen in der Spaltgeometrie, und sie müssen sorgfältig geformt sein, um die erhoffte Wirkung zu erzielen.

Der Vorteil der Spaltklappe liegt darin, daß ein Teil der Luft von der Flügelunterseite mit hoher Energie durch den Spalt und über die Klappe strömt und somit die Ablösung über der Klappe verhindert, ähnlich wie dies ein Vorflügel an der Vorderkante der Tragfläche tut. Das Gebiet turbulenter und abgelöster Strömung an der Klappe wird verringert, und eine größere Luftmenge wird wirksamer nach unten abgelenkt. Spaltklappen verursachen auch kleinere Widerstandsanstiege als Wölb- oder Spreizklappen. Der Zuwachs des Auftriebsbeiwerts dagegen ist beträchtlich – bis zu 2,8 oder 90% gegenüber einem Profil ohne Klappe. Am Beispiel einer Klappe über 50% der Spannweite kann die Überziehgeschwindigkeit von 80 km/h um 17% auf 67 km/h reduziert werden.

Spaltklappen können aber nicht nur als Fowlerklappen verbessert werden – man kann auch einfach zusätzliche Schlitze einbauen. In einer sogenannten Doppelspaltklappe ist die eigentliche Klappe noch mit einem kleinen Vorflügel versehen. Einige Boeing-Airliner haben sogar Dreifach-Spaltklappen und dazu noch den Fowler-Effekt. Eine solche Klappe erzeugt Auftriebsbeiwerte von 3,5 und einen Zuwachs von 230% gegenüber dem Flügel ohne Klappe. Wenn man solche hochwirksamen Klappen benutzt, kann man es sich kaum noch leisten, 50% der Spannweite für die Querruder zu reservieren. Bonanzas, Comanches, Mooneys und einige Cessnas – wie die Cardinal und Centurion – haben Spaltklappen über etwa 70% ihrer Spannweite. STOL-Flugzeuge von Helio haben kurze und tiefe Querruder, die von kleinen Spoilern unterstützt werden, während 80% der Hinterkante von den Klappen eingenommen werden. Am weitesten ging man bei der Mitsubishi MU-2: Die Rollsteuerung wird ausschließlich mit Spoilern durchgeführt, während die Doppelspaltklappen über die ganze Spannweite reichen. Dazu kommt eine heruntergezogene Flügelnase, und die Propeller beaufschlagen einen großen Teil des Flügels. Eine Steigerung der Auftriebsbeiwerte von 300% erlauben in diesem sehr fortschrittlichen und effizienten Flugzeug einerseits eine hohe Flächenbelastung wie bei den Learjets, andererseits eine Landegeschwindigkeit wie bei der Queen Air. Ein solcher Flügel würde an unserem Referenzflugzeug statt bei 80 km/h erst bei 45 km/h an seine Überziehgrenze kommen. In der MU-2G zahlt sich der kleine Flügel durch hohe Reisegeschwindigkeit aus: Sie erreicht 545 km/h gegenüber 480 km/h der weniger aufwendigen, vergleichbaren Typen.

Natürlich muß man für alles bezahlen, und auch die Klappen machen hier keine Ausnahme. Durchstartmanöver mit voll ausgeschlagenen Klappen können wegen des hohen Widerstandes schwierig oder gar unmöglich werden, vor allem in schwach motorisierten ein- und zweimotorigen Maschinen. Außerdem verursacht die Klappe meist ein kopflastiges Moment, die Nase des Flugzeugs senkt sich. Gleichzeitig ändert sich hinter dem Flügel der Winkel des Abwinds der über das Höhenleitwerk streicht. In Hochdeckern kann dies dazu führen, daß das Flugzeug schwanz- statt kopflastig wird. Dieser Effekt ist nicht sehr erwünscht, denn wenn die Klappen ausfahren und der Widerstand steigt, schätzt man es nicht, wenn sich gleichzeitig die Flugzeugnase hebt. Man sollte sich an dieser Stelle daran erinnern, daß das Flugzeug innerhalb des grünen Bereichs des Fahrtmessers gleich gut fliegt, ob mit oder ohne Klappen, jedoch mit unterschiedlichen Anstellwinkeln, abhängig von der Klappenposition. Mit anderen Worten: Man sollte nicht sinken, wenn die Klappen eingefahren sind, es sei denn, man fliegt in der Nähe der Überziehgeschwindigkeit. Wenn das Flugzeug beim Einfahren der Klappen zu sinken scheint, braucht man nur die Nase entsprechend anheben und die Steigrate wird gleich bleiben oder sogar anwachsen.

Bei Starts auf kurzen oder weichen Plätzen benützt man die Klappen, um die Abhebegeschwindigkeit und den Rollwiderstand der Räder zu reduzieren. Manchmal wird gesagt, daß man die beste Startleistung herausholen kann, wenn man beim Anrollen zunächst die Klappen solange eingefahren läßt, und erst zum Abheben auf 10 bis 15 Grad herausfährt. Als Begründung wird angeführt, daß beim Rollen die Klappen nur Widerstand erzeugen und die Beschleunigung reduzieren. Das klingt durchaus logisch, besonders bei Tiefdeckern, die zwischen den ausgefahrenen Klappen und dem Boden eine widerstandsreiche, düsenförmige Strömung bilden. Dieses Verfahren ist aber nur dann empfehlenswert, wenn der Pilot in der Lage ist, mehrere Dinge gleichzeitig zu tun.

Wenn man beim Rotieren aber voll damit beschäftigt ist, die beste Steiggeschwindigkeit zu erzielen und dann unbeabsichtigt die Klappen voll ausfährt, kann die Sache ziemlich schief gehen. Auf weichen Plätzen ist es besser, die Klappen von Anfang an auszufahren – vielleicht sogar etwas über die normale Startstellung hinaus – und das Flugzeug in Bewegung zu halten, um ein Einsinken der Räder zu vermeiden.

Wir haben noch nicht das Optimum an Hochauftriebshilfen erreicht. Klappen sind billiger als Motoren, und gesteigerte Motorleistung sowie kleinere Flügel sind heute die einfachste Möglichkeit, um die Geschwindigkeit von Flugzeugen zu steigern.

Heute macht man es wohl oder übel mit immer stärkeren Triebwerken, aber vielleicht gibt es irgendwann noch bessere Hochauftriebssysteme, dann kann man auch kleinere Flügel bauen.

4. Pendelruder

Wie funktionieren eigentlich die Pendelruder? Wer über das Stadium hinaus ist, alles unbesehen zu akzeptieren, was heutzutage an Flugzeugen gebaut wird, andererseits aber nicht so gut Bescheid weiß, um gleich ein eigenes Flugzeug zu konstruieren, der wird sich manchmal gewundert haben, wie dieses wackelige Ding die gleiche Funktion erfüllen kann wie die altvertraute Kombination Flosse-Ruder-Trimmklappe, und warum einige Konstrukteure das Pendelruder dem konventionellen Höhenleitwerk vorziehen. Warum installierte beispielsweise Cessna in der Cardinal ein Pendelruder, obwohl so viele gute Erfahrungen mit der herkömmlichen Auslegung vorlagen, und warum folgte eine kostspielige Katastrophe? Oder warum ließ die Firma Wing das Pendelruder an der Derringer wieder zugunsten eines konventionellen Leitwerks fallen, nachdem eine Maschine im Pazifik verloren ging?

Grundsätzlich verfolgt jeder Flugzeugkonstrukteur das Ziel, Widerstand und Gewicht einzusparen. Auch die Komplexität soll reduziert werden, d. h. die Anzahl der Einzelteile, die gebaut und zusammenmontiert werden müssen. Das Pendelruder erfüllt diese Forderungen: Da seine ganze bewegliche Fläche im Luftstrom wirkt, während es beim konventionellen Leitwerk nur das angelenkte Ruder ist, kann ein Pendelruder bei gleicher Steuerwirksamkeit kleiner gebaut werden, oder bei gleicher Größe eine höhere Wirkung entfalten. Es kann nicht nur kleiner, und damit leichter und widerstandsärmer gebaut werden, sondern man braucht auch weniger Einzelteile. Ein gut entworfenes Pendelruder ist also eine Verbesserung gegenüber einem zwei- oder dreiteiligen Höhenleitwerk.

Es besteht einfach aus einer einzigen Fläche, normalerweise mit einem Ausschnitt in der Mitte für den Rumpfanschluß. Ein Holm führt durch den Rumpf und sichert die gegenseitige exakte Ausrichtung der beiden Hälften in einer Ebene. An der Hinterkante findet man eine schmale »Antiservo-Klappe«, die sich in der gleichen Richtung bewegt wie die hintere Hälfte des Pendelruders: Wenn sie nach oben geht, entsprechend einem gezogenen Höhenruder geht auch die Antiservo-Klappe nach oben. Das Ganze dreht sich um einen Lagerpunkt in etwa 24%–25% der Pendelrudertiefe, der am letzten Rumpfspant im Heck befestigt ist. Durch die Drehung um seinen eigenen Auftriebsmittelpunkt (der stets in etwa 25% der Tiefe liegt) ist das Pendelruder frei von Steuerkräften: Ohne die Antiservo-Klappe würde es in jeder Stellung gegenüber dem Luftstrom stehenbleiben. Der Sinn der Antiservo-Klappe also ist es, das Pendelruder wieder in die Luftströmung auszurichten. Wenn die Hinterkante des Ruders nach oben geht, schlägt sie ebenfalls nach oben aus und versucht, das Ruder wieder zurückzudrücken und umgekehrt. Die Antiservo-Klappe drückt also immer nach oben oder unten, außer wenn sie genau mit dem Pendelruder fluchtet. Das Pendelruder will deshalb immer in seine Ausgangslage zurückkehren. Man kann dieses System als stabil bezeichnen: Wenn es in seiner Ausrichtung gestört wird, sorgt die Antiservo-Klappe für eine entsprechende Korrektur.

Man könnte den gleichen Effekt dadurch erzielen, daß man das Pendelruder an einer anderen Stelle lagert – statt bei 25% seiner Tiefe vielleicht bei 5% oder 10%. Dann bräuchte man keine Antiservo-Klappe, weil es sich wie eine Windfahne immer im Luftstrom ausrichtet. Aber es gibt zwei Nachteile dabei. Der eine ist die Flatterneigung, der man mit Gewichtsausgleich begegnen müßte: Je weiter vorne der Drehpunkt liegt, desto mehr totes Gewicht muß eingebaut werden. Außerdem braucht man in jedem Flugzeug ohnehin eine Höhentrimmung, und man kann sie als Antiservo-Klappe mit heranziehen, wenn man deren Antriebsmechanik entsprechend auslegt. Man schlägt also zwei Fliegen mit einer Klappe, und meistens wird ein Pendelruder nach dieser Methode entworfen.

Das Pendelruder wird mit Seilzügen oder einer Stange betätigt, die am durchgehenden Holm im Rumpfheck angreifen. Auch die Trimmklappe wird mit Stangen betätigt, und die Antiservo-Wirkung wird einfach dadurch erzeugt, daß man das Stangenende gegenüber der Lagerung der Trimmklappen und des Pendelruder-

Drehpunktes entsprechend lagert: Wenn die vordere Befestigung der Trimmklappenstange verschoben wird, gewöhnlich mit einer Spindel, dann kann der Einstellwinkel des Pendelruders, bezogen zum Flügel verändert werden, wobei die Antiservo-Klappe weiterhin mit dem Ruder fluchtet. Damit ist eine Trimmung möglich. Das ist nicht einfach zu beschreiben, man sieht sich diese Mechanik am besten im Heck einer Cherokee, Comanche oder Cardinal einmal an. Es ist wichtig zu wissen, daß die Steuerkraft des Pendelruders von der Antiservo-Klappe stammt, die größere Ausschläge macht als das Ruder selbst und so eine Kraft am Höhensteuer erzeugt, die proportional dem Steuerausschlag ist. Die Steuerkraft ist null, wenn das Pendelruder in seiner getrimmten Nullstellung steht, genauso wie bei einem konventionellen Höhenleitwerk, und das Flugzeug sucht automatisch genau den Anstellwinkel einzuhalten, bei dem die Steuerkraft gleich null ist.

Während ein konventionelles Höhenleitwerk bei extrem großen Ausschlägen an Wirksamkeit verliert, weil die Flosse etwas gegen das Ruder arbeitet (im Langsamflug mit hochgezogener Nase hat die Flosse einen positiven Anstellwinkel und erzeugt Auftrieb, der durch einen starken Ruderausschlag nach oben überkompensiert werden muß, um am Leitwerk den erforderlichen Abtrieb zu gewinnen), wird das Pendelruder umso wirksamer, je höher der Anstellwinkel ist, denn die Antiservo-Klappe wirkt dann immer mehr wie eine Wölbklappe und steigert somit die Effektivität. Durch Herunterziehen der Nase des normalerweise symmetrischen Pendelruder-Profils erreichten die Beech-Ingenieure bei der Musketeer eine besonders große Wirksamkeit: Der maximale Auftriebsbeiwert ist ebenso groß wie beim Flügel.

Es gibt Leute, die dem Pendelruder nicht ganz über den Weg trauen. Bei der Cardinal ist es in der Tat nicht optimal gelungen, und manchen Piloten fällt es schwer, das Flugzeug sauber zu landen, vor allem bei voll ausgefahrenen Klappen. Ursprünglich hatte man in der Cardinal das Pendelruder deshalb gewählt, um genügend Höhensteuerwirkung für den ungewöhnlich weit vorne liegenden Schwerpunkt zu gewinnen und trotzdem in vernünftigen Gewichtsgrenzen zu bleiben. Die vordere Schwerpunktlage wiederum war der Preis dafür, daß man den Piloten so plazieren wollte, daß er vor dem traditionellen Cessna-Hochdeckerflügel ein besseres Gesichtsfeld hatte. Mit den ersten Cardinals gab es eine Reihe von Landeunfällen, so daß Cessna alle Maschinen mit einem Schlitz am Innenteil des Pendelruders ausrüsten mußte. Cessna betonte, daß diese Nachrüstmaßnahme nichts mit einer Verbesserung der Landeeigenschaften zu tun gehabt habe, sondern damit, daß man eine kopflastige Tendenz ausschalten wollte, die beim Slippen mit vollen Klappen auftrat. Auf jeden Fall hatte die Cardinal andere Landeeigenschaften als die übrigen Cessnas. Während ein konventionelles Höhenleitwerk bei hohem Anstellwinkel an Wirksamkeit verliert und beim Ausschweben große Ruderausschläge erfordert, im Vergleich zum Normalflug, scheint das Pendelruder über den ganzen Anstellwinkelbereich hinweg fast konstante Steuerkräfte zu haben. Um eine perfekte Landung zu machen, mußte man gleichmäßig und langsam durchziehen, während die von anderen Cessnas gewohnten starken Steuerbewegungen bei der Cardinal zu heftigem Nicken führten. Aber – trotz ihres angeschlagenen Rufes ist die Cardinal leichter zu landen als manch andere Cessna. Aber sie wurde von den Piloten nur zögernd akzeptiert.

Bei hohen Geschwindigkeiten haben Pendelruder gelegentlich abmontiert. Da sie aus einer großen beweglichen Masse bestehen, die nur teilweise gewichtsausgeglichen ist, müssen sie sehr sorgfältig auf gefährliche Resonanzschwingungen und auf Flatterneigung untersucht werden. Manchmal muß man einen Teil der Ausgleichsgewichte in die Spitzen des Ruders einbauen, um ein Biegeflattern zwischen der überausgeglichenen Ruderwurzel und den unausgeglichenen Spitzen zu verhüten. Vor allem in zweimotorigen Maschinen können die Ruderhälften unterschiedlich belastet werden, wenn der Propellerstrahl der beiden Triebwerke nicht gleichmäßig ist. Das führt zu gefährlichen Vibrationen im Holm des Pendelruders, und möglicherweise war dies die Ursache für den Unfall der Wing Derringer. Außerdem sind die FAA-Bauvorschriften für Höhenleitwerke, die für konventionelle Typen ausgelegt worden waren, nur schwer in Einklang zu bringen mit Pendelrudern, und Konstrukteure, die nach dem für Leichtflugzeuge vorgesehenen Part 23, Anhang A arbeiten, müssen vor allem auf die Festigkeit und Steifigkeit des Pendelruders achten. Erschwerend kommt hinzu, daß es nur relativ wenig theoretische Daten über

Pendelruder für Leichtflugzeuge gibt. Trotzdem ließen sich viele Hersteller von den Vorteilen des Pendelruders überzeugen. Die meisten Jagdflugzeuge sind damit ausgerüstet und auch viele ein- und zweimotorige Leichtflugzeuge. Die manchmal beobachtete Neigung von Flugzeugen mit Pendelruder, im Reiseflug langsame Nickbewegungen auszuführen, rührt wohl eher von Reibungen oder vom Spiel in der Betätigungsmechanik her. Wie jede andere Neuheit wurden die Pendelruder für alles verantwortlich gemacht, was schief ging, aber sie werden sich durchsetzen. Wer sie nicht mag, sollte sich trotzdem daran gewöhnen – denn irgendwann kommt auch das voll bewegliche Seitenleitwerk.

5. Propeller

Der Propeller ist wie ein Flügel: Er erzeugt »Auftrieb« und zieht das Flugzeug nach vorne durch die Luft. Und ein Hubschauber-Rotor ist nichts anderes als ein Riesen-Propeller, ein rotierender Flügel. Die Grenzlinie zwischen den beiden Kategorien wird von Kipprotoren gebildet, deren große, breitblättrige Propeller das Flugzeug wie einen Hubschrauber senkrecht vom Boden heben, dann nach vorne schwenken und einen schnellen Reiseflug ermöglichen. Da der Propeller im Grunde genommen ein Flügel ist, können seine Funktionen auch mit Begriffen wie Auftrieb, Widerstand, Anstellwinkel usw. beschrieben werden. Wie ein Flügel kann ein Propeller überzogen werden, er produziert auch Profil- und induzierten Widerstand mit entsprechenden Randwirbeln.

Der einfachste Propeller hat Blätter mit fester Steigung. Darunter versteht man den Winkel zwischen jedem einzelnen Punkt des Blattes und einer gedachten Propellerebene. Dieser Winkel bestimmt den Anstellwinkel des jeweiligen Blattelementes bei einer gegebenen Kombination von Drehzahl und Anströmgeschwindigkeit. Der Einstellwinkel variiert entlang des Blattes in Art einer Verwindung, denn bei einer bestimmten Geschwindigkeit setzt sich der Winkel, mit dem jedes Blattelement von der Luft angeströmt wird aus zwei Komponenten zusammen: Umdrehung des Propellers und Anströmgeschwindigkeit. Da die Spitzen der Propeller bei jeder Umdrehung einen viel größeren Weg zurücklegen als deren Blattwurzeln, haben sie offensichtlich eine höhere Geschwindigkeit. Die Wurzeln haben große Einstellwinkel, bezogen auf die Propellerebene, da hier die Komponente der Fluggeschwindigkeit weit überwiegt. Die Blattspitzen dagegen drehen sich mit bis zu 700 km/h um die Nabe und nur mit 200 km/h nach vorne: Ihr Einstellwinkel ist deshalb kleiner. Da der Blatteinstellwinkel mit dem Radius variiert, wird die Steigung der Einfachheit halber definiert als die Wegstrecke, die der Propeller pro Umdrehung bei einem bestimmten Einstellwinkel in der Luft zurücklegen würde. Der Nachteil der Propeller mit fester Steigung liegt darin, daß die Motorleistung von der Fluggeschwindigkeit abhängt. Je schneller sich das Flugzeug bewegt, desto niedriger ist der Anstellwinkel der Blätter, bezogen auf die durch den Propellerkreis strömende Luft. Und je niedriger der Widerstand, desto schneller dreht der Propeller. Man muß bei zunehmender Fahrt also das Gas zurücknehmen, um den Motor nicht zu überdrehen. Wenn man dagegen langsamer wird, steigt der Anstellwinkel der Blätter, und man muß mehr Gas geben, um den wachsenden Widerstand der Blätter zu überwinden. Die Motorleistung ist eine Funktion von Ladedruck und Drehzahl. Da der maximale Ladedruck bei nicht aufgeladenen Motoren durch den atmosphärischen begrenzt ist, kann man die Maximalleistung nur durch Drehzahlerhöhung erreichen. Die Drehzahl wiederum hängt von der Fluggeschwindigkeit ab, so daß ein Motor mit einem Propeller fester Steigung seine Höchstleistung nur in einem ganz kleinen Geschwindigkeitsbereich entfalten kann. Deshalb hat man spezielle Steig-, Reise- und Hochgeschwindigkeitspropeller entwickelt. Mit einem Steigpropeller entwickelt der Motor seine maximale Dauerleistung bei der besten Steiggeschwindigkeit, ein Reisepropeller bei Reisegeschwindigkeit und ein Hochgeschwindigkeits- oder Rennpropeller bei maximaler Fahrt. Ein Flugzeug mit einem Rennpropeller hat eine größere Höchstgeschwindigkeit als mit einem Steigpropeller: Der Motor mit dem Steigpropeller kann bei hoher Geschwindigkeit nicht auf seine maximale Leistung kommen. Andererseits hat der Rennpropeller Nachteile beim Start und beim Steigflug. In der Praxis gibt es jedoch einen akzeptablen Geschwindkeitsbereich, in dem die Leistungsverluste unter 10% liegen, so daß man Flugzeuge mit Propellern ausrüsten kann, die einen guten Kompromiß zwischen Steig- und Reiseleistung darstellen. Daß eine im Flug verstellbare Steigung sehr vorteilhaft wäre, hat man schon sehr früh erkannt, die ersten primitiven Verstellpropeller hatten zunächst nur zwei Stellungen – eine für Steigen und eine für den Reiseflug. Später wurden dann Propeller mit voller Verstellbarkeit entwickelt, aber die Drehzahl war bei einer gegebenen Steigung immer noch von der Geschwindigkeit abhängig.

Der moderne Constant-speed Propeller ist eine bequeme Anpassung des Verstellmechanismus: Die Steigung wird nicht mehr direkt vom Cockpit aus verstellt, sondern automatisch durch einen Regler, und der Pilot wählt im Cockpit nur die gewünschte Drehzahl. Mit Öldruck werden die Propellerblätter genau in der Steigung gehalten, die zur Einhaltung dieser Drehzahl erforderlich ist. Wenn man die Geschwindigkeit oder den Ladedruck erhöht, sorgt der Fliehkraftregler dafür, daß der Öldruck im Verstellpropeller steigt und die Blätter auf größerer Steigung laufen, damit erhöht sich der Blattwiderstand und die gewählte Drehzahl stellt sich sofort wieder ein. Wenn der Öldruck im Regler entweder vom Piloten oder durch einen mechanischen Defekt reduziert wird, geht der Propeller aufgrund der Zentrifugalkräfte normalerweise auf kleine Steigung. Einige Propeller sind mit entsprechenden Gewichten ausgerüstet, um diese Funktion zu unterstützen. Die kleinste Steigung, die etwa einem Steigpropeller entspricht, wird mit der vordersten Stellung des Verstellhebels im Cockpit eingeregelt. Der Anstellwinkel der Blätter und der Widerstand sind dabei gering, die Drehzahl dagegen hoch. Wenn man den Hebel zurückzieht, steigt der Blatt-Anstellwinkel und der Widerstand, die Drehzahl sinkt.

Eine bestimmte Leistung kann man durch verschiedene Kombinationen von Ladedruck und Drehzahl erreichen, ähnlich wie man den erfolgreichen Auftrieb des Flügels durch verschiedene Kombinationen von Geschwindigkeit und Anstellwinkel erzeugen kann. Wenn man eine bestimmte Drehzahl eingestellt hat, ändert sich die Steigung automatisch mit dem Ladedruck, und der Gashebel wirkt wie eine direkte Steuerung des Propellerschubs. In der Praxis erreicht man den besten Wirkungsgrad bei niedrigen Drehzahlen (in Übereinstimmung mit den Limits im Handbuch), weil der Propeller dabei am effektivsten arbeitet, und weil der Motor natürlich weniger Treibstoff verbraucht, wenn er statt mit 2400 rpm nur mit 1900 rpm dreht. Wenn man den Propeller im Landeanflug jedoch auf großer Steigung läßt, hat man beim Durchstarten zu wenig Leistung, denn man kann mit Vollgasgeben dann zwar den Ladedruck, nicht aber die Drehzahl erhöhen. Eine kleine Steigung bringt im Landeanflug eine Bremswirkung, wenn man gleichzeitig das Gas auf Leerlauf bringt, denn der Anstellwinkel bestimmter

Blattbereiche kann dann negativ sein. Aus beiden Gründen gehört die Zurücknahme der Propellersteigung zu den wichtigsten Punkten der Landevorbereitungen.

Manche Piloten bevorzugen Drei- oder Vierblattpropeller. Aber deren Vorteile liegen mehr bei ihren kompakten Abmessungen und bei der Lärmreduzierung, an Leistung bringen sie kaum ein Plus. Einen Drei- oder Vierblattpropeller könnte man einfach als Zweiblattschraube ansehen, die auf einen kleineren Kreis zusammengequetscht wurde, ähnlich wie man mit einem Doppeldecker kürzere Spannweiten erzielt. Lange, schmale Blätter, und so wenig wie möglich: Das bringt bei Start und Steigen große Vorteile und beeinträchtigt die bei Leichtflugzeugen üblichen Reisegeschwindigkeiten kaum. Die großen Propeller mit mehreren breiten Blättern an leistungsstarken Triebwerken sind ein Kompromiß zwischen Gewicht, Bodenfreiheit, Blattspitzengeschwindigkeit und der Notwendigkeit, die hohe Motorleistung aufzunehmen. Sie sind bei Start und Steigen oft weniger effektiv als Zweiblattpropeller an Leichtflugzeugen.

Schubpropeller funktionieren im Prinzip genauso wie Zugpropeller, nur der Motor liegt auf der anderen Seite. Man kann gewisse Leistungsvorteile davon erwarten, daß die Motorhaube und der Rumpf nicht im Propellerstrahl liegen, wo die Geschwindigkeit höher ist als in der umgebenden Luft. Andererseits aber muß ein Heckpropeller mit einer Anströmung arbeiten, die vom davorliegenden Rumpf verwirbelt ist. Die Vor- und Nachteile heben sich gegenseitig fast auf, und Heckpropeller sind Zugpropellern nicht eindeutig überlegen. Letztere bieten so viele andere Vorteile, bessere Motorkühlung, günstigere Gewichtsverteilung und Bodenfreiheit, daß diese konventionelle Propelleranordnung bisher im Flugzeugbau eindeutig dominiert. Verfechter des Heckpropellers führen oft die Cessna Skymaster als Musterbeispiel an, denn sie hat im Einmotorenflug mit dem Hecktriebwerk bessere Leistungen als mit dem Fronttriebwerk. Aber das ist ein Sonderfall, denn das Rumpfheck der Skymaster ist wegen des Motoreinbaus so stumpf, daß es ohne die sogerzeugende Funktion der Druckschraube sehr viele Wirbel und damit Widerstand erzeugt. Das ist ein gutes Beispiel dafür, wie komplex die ganze Aerodynamik ist und wie schwer es sein kann, mit einfachen Argumenten zu arbeiten.

6. Propeller und Gas

Den Begriff »Umdrehungen pro Minute« (englisch: rpm = »revolutions per minute«) braucht man nicht genau unter die Lupe zu nehmen, er ist ziemlich eindeutig. Die Definition des »Ladedrucks in inches Quecksilbersäule« (englisch: mp = »manifold pressure in inches of mercury«) dagegen ist etwas schwieriger. Zunächst ist zu fragen, was Quecksilber mit Motoren zu tun hat, und warum man von Lade»druck« spricht und nicht von Sog (oder hat das Ganze mit dem Auspuff zu tun?). Außerdem: Wie kommt es, daß man mit jedem Triebwerk auf der sicheren Seite ist, wenn man die Anzahl in inches Quecksilbersäule im Vergaser in gleicher Höhe hält mit der Drehzahl der Kurbelwelle in Hunderten? Und warum kann ein Abweichen von dieser Regel manchmal zu einer plötzlichen, unerwarteten Landung führen?

Zunächst einmal muß festgestellt werden, daß der Ladedruck den absoluten Luftdruck bezeichnet (also von null an gemessen, nicht vom Niveau des atmosphärischen Drucks wie beispielsweise bei den Reifen), der innerhalb des Ansaugrohrsystems vor den Einlaßventilen der einzelnen Zylinder herrscht. Einen Anhaltspunkt für ein besseres Verständnis des Ladedrucks findet man in der Funktion des Höhenmessers: Der Bereich des barometrischen Drucks, der im kleinen Fenster zur Höhenmesser-Einstellung erscheint, entspricht mehr oder weniger der Obergrenze des Ladedrucks in nicht aufgeladenen Motoren. In der Tat basieren beide Angaben ja auf derselben physikalischen Größe, dem Luftdruck. Der Höhenmesser mißt den lokalen atmosphärischen Druck, und die Ladedruckanzeige gibt den Druck im Ansaugrohr an. Da der Ladedruck von der Außenluft bezogen wird, kann er nie höher sein als der atmosphärische Druck (außer bei aufgeladenen Motoren natürlich). Deshalb sinkt der maximal erreichbare Ladedruck mit steigender Flughöhe.

Nun aber zu einigen grundlegenden Punkten. Der Druck wird in der Luftfahrt – entsprechend den Gewohnheiten in den englischsprachigen Ländern – in inches Quecksilber gemessen, es wird also der Druck angegeben, der der Höhe einer Quecksilbersäule entspricht. Der Standarddruck in Meereshöhe ist genauso groß wie der Druck am Boden eines mit einer 29,92 inch hohen Quecksilbersäule gefüllten Rohres. Der barometrische Druck variiert zwar je nach Wetterlage, aber er bewegt sich immer im Bereich um 30 inch Hg. Wenn man jedoch den Höhenmesser nicht genau auf den jeweils herrschenden Luftdruck einstellt, zeigt er nicht sehr präzise an.

Nun zur Treibstoffversorgung eines konventionellen Motors: Der Sog im Ansaugsystem wird durch die Abwärtsbewegung der Kolben in Zylindern erzeugt, die die Luft aus den Ansaugrohren in die Zylinder zieht. Der Unterdruck im Ansaugsystem wiederum saugt die Luft durch den Vergaser an. Er ist mit einer Venturi-Düse ausgerüstet, ähnlich denen, die an manchen Flugzeugen außen montiert sind, um Unterdruck für pneumatische Instrumente zu erzeugen. Die Venturi-Düse im Vergaser verstärkt den Unterdruck, der nun den Treibstoff aus der Schwimmkammer saugt und zu einem Luft/Treibstoff-Gemisch zerstäubt. Das funktioniert ähnlich wie in Farb-Spritzpistolen. Eine Drosselklappe im Vergaser zwischen Venturi und Ansaugrohr steuert die Menge des Gemischs, die in die Zylinder fließt. Wenn die Klappe weit offen ist, strömt die Luft sehr schnell durch das System. Der Druck bleibt fast so hoch wie der atmosphärische Druck, da die Außenluft kaum am Eindringen gehindert wird. Eine offene Drosselklappe entspricht also einem Ladedruck nahe dem Atmosphärendruck, d. h. etwa 28 oder 29 inch Hg. Wegen immer vorhandener Hindernisse füllt sich das Ansaugsystem auch bei offener Drosselklappe nicht ganz so schnell mit Luft, wie der Kolben beim Ansaugtakt aufnimmt: Daher kommt die kleine Differenz von etwa 1 inch Hg zwischen Atmosphärendruck und Ladedruck (ohne Lader). Wenn man die Drosselklappe schließt, wird der Querschnitt im Vergaser kleiner, es kann weniger Luft in das Ansaugsystem strömen, und der Ladedruck nimmt ab. Die Luft kann einfach nicht mehr schnell genug nachströmen, um den atmosphärischen Druck aufrechtzuerhalten. Ein niedriger Ladedruck entspricht also einer zurückgenommenen

Gashebelstellung und einer geringen Motorleistung. Das gilt im Prinzip auch für Einspritzmotoren, bei denen der Treibstofffluß entsprechend dem Druck im Ansaugsystem bemessen wird.

Die meisten Piloten wissen, daß es gefährlich ist, bei gleichbleibendem Ladedruck die Drehzahl zu weit zu reduzieren. Das wäre genauso, wie wenn man im Auto mit dem großen Gang einen steilen Paß fahren wollte: Der Motor dreht relativ langsam, muß aber mit Vollgas bei jeder Umdrehung sehr hart arbeiten. Der Druck im Zylinder, der den Kolben beim Arbeitstakt nach unten drückt, ist sehr hoch, das kann zu Überhitzung und zu Klopferscheinungen führen. Das heizt den Zylinderkopf so stark auf, daß der Kolben wie mit Hammerschlägen von explosionsartigen Verbrennungsvorgängen getroffen wird, anstelle des gleichmäßigen Druckaufbaus bei normaler Zündung. Und Flugzeugmotoren reagieren sehr empfindlich auf Klopferscheinungen: Es kann zum Durchbrennen der Kolben und der Ventile kommen.

Jeder Triebwerkhersteller veröffentlicht im Betriebshandbuch jedes Motorentyps ein Diagramm mit den zulässigen Drehzahlbereichen bei den verschiedenen Ladedrücken. Wenn man sich mit diesen Karten intensiv befaßt und die Triebwerksregelung genau danach vornimmt, zahlt sich das durch geringen Verbrauch aus, denn zu hohe Drehzahlen kosten Geld. Wenn man bei einer gegebenen Triebwerkseinstellung (power setting) die Drehzahl möglichst niedrig und den Ladedruck möglichst hoch wählt, kann man Treibstoff sparen. In den Empfehlungen der Hersteller findet man entsprechende Hinweise, die deutlich von der obenerwähnten Grundregel (inches Hg = rpm/100) abweichen können. Bei gewissen 260-PS-Continentals beispielsweise ist ein power setting von 22 in Hg und 1900 rpm noch als sicher anzusehen und dabei aber sehr sparsam. Geringe Drehzahlen reduzieren auch die Betriebsstunden des Motors und erhöhen die TBO (time between overhauls), denn der Betriebsstundenzähler ist nichs anderes als ein Drehzahlmesser, der die Touren in Stunden umsetzt, wobei eine Durchschnittsdrehzahl zur Eichung zugrundegelegt wird: In den meisten Cessnas sind es beispielsweise 2566 rpm.

Wichtig ist, daß man innerhalb der Betriebsgrenzen des Motors bleibt. Wenn man mit 2400/25 gestiegen ist und für den Reiseflug auf 1900/22 gehen will, darf man nicht die Drehzahl vor dem Ladedruck reduzieren, da man sonst kurzzeitig mit dem unsicheren power setting 1900/25 fährt. Daher sollte man immer die wichtige Grundregel im Kopf behalten: Bei Leistungsreduzierung zuerst mit dem Ladedruck zurückgehen, dann erst mit der Drehzahl – bei Leistungserhöhung zuerst die Drehzahl, dann den Ladedruck steigern. Wenn man beispielsweise im Reiseflug power setting von 1800/20 hat und im Landeanflug vergißt, die Propellersteigung zu reduzieren (= hohe Drehzahl), dann wird es im Durchstartfall problematisch: Selbst mit Vollgas kommt man nur auf 1800/29, und das kann dem Motor schlecht bekommen.

Propeller mit fester Steigung sind fest auf der Kurbelwelle montiert: Sie regeln den Ladedruck einfach durch den Blattwiderstand. Außer einer Überhitzung des ganzen Triebwerks kann man einen Motor mit Festpropeller kaum zum Klopfen bringen. Aber mit getrennter Ladedruck- und Drehzahlbedienung beim Verstellpropeller steigt das Risiko für das Triebwerk, weil die Fehlbedienungsmöglichkeiten wachsen. Andererseits bieten diese beiden Hebel, richtig bedient, bessere Leistungen, sparsameren Verbrauch und mehr Flugstunden zwischen den Überholungen.

7. Das Instrumentenbrett

Hinter dem ruhigen, unauffälligen Instrumentenbrett eines Flugzeugs verbirgt sich ein ebenso ruhiges, unauffälliges Innenleben. Da hinten passiert nicht viel, aber es ist interessant und hilfreich zu wissen, was die vielen Zeiger zum Leben erweckt, denn die Instrumente sind lebenswichtige Übermittler von Nachrichten über den Zustand des Flugzeugs.

Die meisten Geräte der Grundinstrumentierung werden durch Strom oder Druck betrieben. Die Kreiselinstrumente nutzen die seltsamen Fähigkeiten rotierender Massen. Einige Temperaturmeßgeräte arbeiten mit der Dehnung und Kontraktion eines Flüssigkeitsthermometers, aber in gewissem Sinn messen auch sie Drücke.

Vier der wichtigsten Instrumente messen den Luftdruck: Der Höhenmesser, der Fahrtmesser, das Variometer und die Ladedruckanzeige. Vereinfacht ausgedrückt, enthalten sie eine Art Mechanismus, eine dehnbare Druckdose, die über einige Zahnräder und Hebel ihre Ausdehnung oder Kontraktion – entsprechend den Druckdifferenzen – an Zeiger auf der Vorderseite des Gerätes übermittelt. Im Höhenmesser und im Ladedruckgerät werden der statische Außendruck und der Druck eines in der Dose eingeschlossenen Stickstoff-Volumens miteinander verglichen. Um die Geschwindigkeit zu messen, wird der statische Druck mit dem dynamischen Druck verglichen, der in einem in Flugrichtung offenen Rohr entsteht.

Das Variometer (englisch: VSI = »vertical speed indicator«) ist eine Abart des Höhenmessers. Durch eine kleine Bohrung in der Druckdose kann Luft ein- und ausströmen, so daß die Druckdifferenzen bei Steig- und Sinkflug immer wieder ausgeglichen werden. Da die Bohrung sehr klein ist, geht der Ausgleich nur langsam vor sich, so daß eine Höhenänderung als eine der Schnelligkeit der Änderung proportionale Zeigerbewegung dargestellt wird. Diese Art von Variometer ist zwar schon etwas überholt und leidet an Fehlern und Verzögerungen, aber man findet sie noch in den meisten Leichtflugzeugen. Von modernerer Bauart ist das IVSI (»instantaneous vertical-speed indicator«), daß außer der durchbohrten Druckdose auch einen kleinen Beschleunigungsmesser enthält. Er sorgt für eine verzögerungsfreie Anzeige von beginnenden Auf- und Abbewegungen, erst dann übernimmt der normale Mechanismus seine Aufgabe.

Der Höhenmesser und die Ladedruckanzeige sind im Prinzip sehr ähnlich: Der Höhenmesser hat nur eine andere Hebelübersetzung, um aus der gleichen Druckdifferenz einen größeren Zeigerausschlag zu machen. Diese Ähnlichkeit der beiden Geräte hat einen kaum bekannten Vorteil: Sollte während eines IFR-Fluges der Höhenmesser ausfallen, kann man von der Ladedruckanzeige eine angenäherte Höheninformation ableiten, indem man Vollgas gibt: Der atmosphärische Druck fällt pro 1000 Fuß/Höhe um rund 1 in Hg, so daß die Flughöhe über NN etwa dem 1000fachen der Differenz zwischen Vollgas-Ladedruck und 28 in Hg beträgt. Sicher ist das nicht gerade die präziseste Höhenmessung, aber im Notfall natürlich besser als gar nichts.

Die Ladedruckanzeige ist Teil eines geschlossenen Systems, da es direkt mit dem zu messenden Druck verbunden ist. Höhen- und Fahrtmesser jedoch sind etwas komplexer, da sie vom Umgebungsdruck abhängen, der in einem sich bewegenden Objekt nicht ohne weiteres gemessen werden kann.

Üblicherweise wird der statische Druck an beiden Seiten des Flugzeugs entnommen (um Schiebeeffekte auszuschalten), an gewissen »Totwasser«-Stellen direkt an der Außenhaut. Aber die Luft ist nie ganz »tot«, und selbst wenn sie es wäre, müßte ihr Druck nicht unbedingt dem in einiger Entfernung vom Flugzeug herrschenden Umgebungsdruck entsprechen. Das statische System ist also meist mit Fehlern behaftet, und das nützen die Hersteller – im Rahmen gesetzlich zulässiger Toleranzen – zu ihrem Vorteil aus: Eine Position für die statische Druckentnahme, die zu einer relativ hohen Überziehgeschwindigkeits- und niedrigen Reisegeschwindigkeitsanzeige führt, erfordert weitere Tests; der umgekehrte Fall aber wird dem Hersteller schon eher entsprechen. Einige Handbücher geben für den unteren Geschwindigkeitsbereich, wo die Fehler nur sehr schwer zu korrigieren sind, kalibrierte Geschwindigkeiten an (CAS = »calibrated airspeed«). Wenn die Bohrungen der statischen Druckentnahme vereist oder durch andere Einflüsse blokkiert sind, muß man auf ein Ausweichsystem umschalten. Wenn eine solche Ausrüstung fehlt, kann man als letzte Notlösung das Abdeckglas des Variometers vorsichtig einschlagen, um das System mit dem statischen Druck der Kabine zu betreiben (das Glas ist der entbehrlichste Teil der mit statischem Druck arbeitenden Instrumente, aber es besteht die Gefahr, daß man dabei das Gerät selbst beschädigt). Hat man aber ein Ausweichsystem, so sollte man es während des Fluges checken und die dabei auftretenden Geschwindigkeits- und Höhen-Fehler feststellen, denn es ist nie so genau wie das Hauptsystem. Wenn große Fehler auftreten, sollte man sie sich notieren, denn sie tendieren meist zur schlechteren Seite – Geschwindigkeits- und Höhenmesser zeigen zu hohe Werte an. Der statische Druck darf nicht verwechselt werden mit dem Unterdruck, der in Flugzeugen ohne Vakuumpumpe durch Venturidüsen erzeugt wird. Ein Venturi produziert einen Sog (ähnlich wie die Flügeloberseite), der pneumatische Kreiselgeräte antreibt. Heute verfügen jedoch die meisten Flugzeuge bereits über Vakuumpumpen.

Die mit Luftdruck arbeitenden Instrumente sind sehr empfindliche Geräte, da sie sehr geringe Kräfte messen. Andere Drücke – wie Öl, Treibstoff, Hydraulik usw. – werden mit einem hohlen, gebogenen Metallrohr gemessen (Bourdonröhre). Das eine Ende ist offen und mit der Druckquelle verbunden, das andere ist geschlossen und mit der Anzeigemechanik gekoppelt. Unter Druck will sich das gebogene Rohr strecken, und bewegt dabei einen Zeiger. Öl, Treibstoff und Hydraulikflüssigkeit gelangen normalerweise nicht bis in die Instrumente (es sei denn daß die Bourdonröhre leckt), da in das System beim erstmaligen Anschließen meist ein gewisses Luftvolumen mit eingeschlossen wird. Die Luft überträgt den Druck wie jede andere Flüssigkeit, und weder die Instrumente noch der Pilot registrieren einen Unterschied. Einige Außentemperaturanzeigen und manche ältere Öltemperaturanzeigen in Triebwerk-Mehrfachinstrumenten arbeiten ebenfalls mit Bourdonröhren, wobei als Medium eine eingeschlossene Flüssigkeit

42

dient, die von einem Kolbensensor durch ein Kapillarrohr zum Instrument fließt. Wenn der Sensor erhitzt wird, dehnt sich die Flüssigkeit aus und erzeugt Druck, der auf die Zeigermechanik übertragen wird. Die Skala ist in Grad geeicht und wird als Temperatur abgelesen.

Immer häufiger wird heute die Temperatur elektronisch gemessen, entweder durch ein Thermoelement oder durch einen Widerstand, dessen Eigenschaften mit der Temperatur variieren. Ein Thermoelement ist eine Sonde aus zwei verschiedenen Metallen. Wenn es erhitzt wird, erzeugt es einen kleinen Stromfluß, der zu einem empfindlichen Galvanometer geleitet wird. Was man abliest, ist eigentlich eine elektrische Spannung, aber die Skala ist wiederum in Temperaturgraden geeicht. Thermoelemente sind durch zwei Drähte mit dem Instrument verbunden, die nie verändert werden dürfen. Meßwiderstände dagegen haben nur eine Verbindung zum Instrument. Auch sie übertragen eine Spannung, die am Instrument als Temperatur abgelesen wird. Die Temperaturen der Zylinderköpfe, des Abgases, des Öls, des Vergaser-Einlaufs und des Turbineneinlaufs werden üblicherweise elektrisch gemessen.

Der Drehzahlmesser gehört zu den wenigen Geräten der Grundinstrumentierung, die weder einen Druck noch eine Temperatur messen. Er wird, ähnlich wie der Tachometer im Auto, von einer flexiblen Welle angetrieben, die die Drehzahl des Motors oder irgendeines mit fester Übersetzung angetriebenen Zusatzaggregates zu einem Gehäuse überträgt, in dem ein kleiner Magnet in einer Aluminiumkappe rotiert. Durch die somit entstehenden Magnetfelder wird ein Strom erzeugt, und durch gegenseitige Beeinflussung wird die Aluminiumkappe gegen eine feine Feder gedrückt. Die Bewegung der Kappe ist proportional der Stromstärke, die wiederum der Drehzahl des rotierenden Magneten entspricht. Der Zeiger im Instrument ist mechanisch mit der Kappe verbunden. Es gibt auch elektronische Drehzahlmesser: Ein Kondensator wird bei jeder Zündung einer Kerze aufgeladen, er entlädt sich dann wieder gleichmäßig, und die Spannung fällt dabei ab, während sie beim Laden wieder ansteigt. Je schneller nun der Motor dreht, desto häufiger wird der Kondensator geladen, und desto höher ist die Spannung. Von dieser elektrischen Spannung wird ein Zeiger bewegt, der in Umdrehungen pro Minute geeicht ist.

Der Kompaß wird natürlich vom Erdmagnetfeld betrieben, und er ist gleichzeitig das wichtigste und das wertloseste Instrument. Er zeigt zwar gelegentlich an, wohin man fliegt, aber er leidet oft an nervösen Störungen. Es gibt Typen, die stabiler arbeiten als die kleinen Flüssigkeitskompasse: einige sind im Instrumentenbrett montiert, andere werden möglichst weit von Eisenteilen oder elektromagnetischen Feldern installiert (remote compass), so daß die Störungen gering bleiben. Letztere treiben ein elektrisches System an, das die Verbindung zum Anzeigegerät herstellt.

Kreiselgeräte arbeiten mit rotierenden Massen, die unabhängig von Flugbewegungen ihre Lage beibehalten – ein Phänomen, das jeder kennt, aber nur wenige verstehen, warum das so ist. Es genügt für unsere Zwecke zu wissen, daß ein Kreisel versucht, immer in die gleiche Richtung zu zeigen, wenn seine Masse in schnelle Umdrehungen versetzt wird.

Der künstliche Horizont arbeitet mit Kreiseln an vertikalen Achsen, während Kurskreisel eine horizontale Achse haben. In Wendezeigern ist die Achse geneigt. Das Kreiselgehäuse macht die Bewegungen des Flugzeugs mit, der Kreiselrotor selbst bleibt jedoch, bezogen auf die Erde, stationär. Das Instrument liefert also ein symbolisches Bild dessen, was der Pilot beim Blick aus den Fenstern sehen würde. Zur besseren Orientierung ist an der Frontseite des Instrumentengehäuses ein Flugzeugsymbol angebracht. Leider ist die Darstellung auf den Geräten uneinheitlich, das kann zu Problemen bei der Interpretation führen. Einige ältere Lage-Kreisel zeigten den Himmel oben, die Erde unten: Wenn das Flugzeug stieg, zeigte der Kreisel ein Bild, das man heute als Sinkflug interpretieren würde. Andererseits haben einige neuere Geräte ein Display, bei dem sich die Außenwelt mit dem realen Flugzeug bewegt, so daß der Horizont vom Piloten aus fest bleibt, während sich das Flugzeugsymbol relativ dazu bewegt. Bezogen auf den echten Horizont dreht das Flugzeugsymbol doppelt so schnell wie das reale Flugzeug. Dieses Konzept ist für manche Piloten verwirrend, denn das dargestellte Bild entspricht nicht der wirklichen Außenszene, wenn man aus den Wolken herauskommt. Aber wenn man sich einmal daran gewöhnt hat, ist diese Darstellung nicht schwieriger zu interpretieren als andere, und es gibt Piloten, die sie sogar einfacher empfinden.

44

So haben es die Konstrukteure von Instrumenten nicht nur damit zu tun, zur zuverlässigen Übermittlung von Informationen mechanische Probleme zu lösen, sondern es ist auch zu berücksichtigen, daß diese Informationen leicht zu verstehen sind. Es stellt sich immer mehr die Frage, wie man die Daten einem beschäftigten, vielleicht sogar aufgeregten Piloten am besten präsentiert. Der Höhenmesser scheint zu den Geräten zu gehören, die recht einfach abzulesen sind, aber auch dieses Gerät kann manchmal zu fatalen Irrtümern führen. Das Problem heißt nicht nur, die Informationen klar darzustellen, sondern auch völlig unmißverständlich, so daß auch ein Pilot, der sich in 14 000 ft Höhe wähnt, nicht übersehen kann, daß der Höhenmesser nur 4000 ft anzeigt. Das heutige System der Anzeige von je 10 000 ft auf einer uhrzeiger-ähnlichen Skala ist offenbar nicht sehr zufriedenstellend. Andere Instrumente wie Öldruck-, Kraftstoffdruck- oder Zylinderkopftemperaturanzeige beanspruchen an sich wenig Aufmerksamkeit, und ein Pilot müßte schon Glück haben, wenn er einen Öldruckabfall sofort bemerkt und nicht erst Minuten oder Stunden später. Warnleuchten könnten dieses Problem lösen, aber damit sind zusätzliche Installationskosten verbunden, und wie alle anderen zusätzlichen Geräte stellen sie eine weitere Fehlerquelle dar. Viele Militärflugzeuge haben Instrumente mit Vertikalanzeigen, die so aufeinander abgestimmt werden können, daß alle Zeiger unter normalen Bedingungen eine gerade Linie bilden. Der Pilot muß also nicht jedes Instrument für sich beobachten, sondern er kann mit einem Blick übersehen, ob die Zeiger in gleicher Höhe stehen.

Die Panel-Instrumente hätten eine modernere Auslegung dringend nötig. Die klassischen Rundskalen-Instrumente beanspruchen zu viel Platz, entsprechen oft nicht der wirklichen Situation, die sie anzeigen, und sind nur bedingt dazu geeignet, lebenswichtige Informationen deutlich hervorzuheben. Wenn man weiß, wie verwirrend die erste Stunde in einem Flugzeug sein kann, mit dem man noch nicht vertraut ist, kann man sich des Gefühls nicht erwehren, daß nicht alles so ist, wie es sein sollte. Lebenswichtige Informationen über die Lage und Position des Flugzeugs sollten direkt vor dem Piloten in einem einzigen Display zusammengefaßt werden. Dicht daneben sollten die Triebwerk- und Kraftstoffanzeigen so angeordnet sein, daß man mit einem einzigen Blick alles

Wissenswerte erfassen kann. Navigationsgeräte und Frequenz-wahlschalter könnten rechts davon in der Mitte des Panels gruppiert werden, wie es heute schon in den meisten Flugzeugen der Fall ist. Ein Head-up-Display mit einer Anzeige des Anstellwinkels sollte über dem Panel etwas links von der Sichtlinie des Piloten plaziert werden, so daß der Pilot diese sehr wichtige Information im Landeanflug im Auge behalten kann.

Es gibt zwingende Gründe dafür, warum eine grundlegende Änderung der herkömmlichen Informationsdarstellung unwahrscheinlich bleibt. »Neue« Instrumente sind immer nur überarbeitete ältere Geräte. Die Hersteller sind natürlich am Nachrüst-Markt interessiert und alle existierenden Panels sind nun eben mit runden Standardlöchern für den Instrumenteneinbau versehen. Man müßte also das Panel komplett ersetzen, wenn man die Instrumentierung reformieren wollte, und eine solche Modifikation übersteigt die finanziellen Möglichkeiten der meisten Leichtflugzeug-Halter, die seit Jahren mit den alten Geräten ganz gut zurechtgekommen sind. Und die Hersteller werden kaum viel Geld investieren in ein radikal neues Konzept, das nur in neuproduzierten Flugzeugen anwendbar ist – und auch nur dann, wenn deren Hersteller von einem solchen Sprung in Neuland überzeugt werden können. Die größten Fortschritte gab es in letzter Zeit bei anspruchsvollen Flight Directors und automatischen Flugführungssystemen für schwere Geschäftsreisemaschinen – hauptsächlich für Turboprops und Jets. Einige der neuen Displays arbeiten mit komplexer Elektronik, um die Arbeit des Piloten zu erleichtern. Aber die überwiegende Mehrzahl der Panels in Flugzeugen der Allgemeinen Luftfahrt hat sich noch nicht sehr weit von der Steinzeit audiovisueller Darstellung entfernt.

8. Sei nett zum Triebwerk

Motoren beschweren sich nie, zumindest hören solche Piloten nichts davon, die kein Gefühl für metallischen Klang haben. Der Kolbenmotor arbeitet sich buchstäblich zu Tode, ohne zu klagen. Es gibt Leute, die gehen solange rücksichtslos mit ihren Motoren um, bis die Kurbelwelle bricht. In Flugzeugen sollte man dies tunlichst vermeiden. Die Hersteller empfehlen strikte Bedienungsanweisungen, ohne die Gründe dafür zu erklären. Vermutlich sollen die Piloten damit vor sich selbst geschützt werden. Sind die üblichen Betriebshandbücher unnötigerweise zu vorsichtig abgefaßt, ohne Vertrauen in das Können der Piloten? Folgen wir also blindlings Verfahren, die zwar sicher, aber uneffektiv sind?

Alle folgenden Ausführungen werden mit dem Vorbehalt gemacht, daß man im Zweifel das Handbuch zu Rate ziehen soll. Manches mag dem widersprechen, was man woanders gehört oder gelesen hat. Wer sein Gewissen beruhigen will, sollte sich bei Mechanikern und erfahrenen Piloten immer wieder informieren. Wenn man glaubt zu verstehen, was in einem Triebwerk wirklich vor sich geht, sollte es dann aus besserer Einsicht und nicht nur in blinder Hörigkeit bedienen. Dieses Kapitel befaßt sich im übrigen nur mit modernen Boxer-Kolbenmotoren mit normaler Ansaugung (nicht mit Turboladern).

Triebwerke erfordern viel Pflege. Und sie leben am längsten, wenn sie regelmäßig betrieben werden. Längere Standzeiten schaden mehr als man ahnt. Nicht umsonst werden beispielsweise bei Piper jeden Samstagmorgen die Motoren aller geparkten Flugzeuge für 45 Minuten laufengelassen, um das Öl aufzuwärmen und die interne Feuchtigkeit zu beseitigen. Die beste Art, einen Motor warmzulaufen, ist jedoch, mit dem Flugzeug zu fliegen. Bodenläufe sind besser als nichts, aber ein Start mit Vollgas, ein kurzer Lokalflug und eventuell einige touch-and-go's verlängern das Leben eines Motors erheblich. Lycoming empfiehlt ein Minimum an Mo-

torlaufzeit von 20 bis 30 Stunden pro Monat, um die volle Betriebs-
zeit eines Triebwerks zu erreichen. Wenn man nur Bodenläufe machen kann, sollte die Öltemperatur auf mindestens 165°F gebracht
werden. Beim Fliegen wird dieser Wert ohnehin erreicht, er sorgt
dafür, daß das Kurbelgehäuse gut durchgespült und von Kondens-
wasser befreit wird. Die Flugzeughersteller haben dafür gesorgt,
daß im Kraftstoffsystem angesammeltes Wasser, aber auch
Schmutzteilchen in Filtern und Entwässerungsventilen an allen
tiefliegenden Stellen von Leitungen und Tanks aufgefangen wird.
Wann immer man den Verdacht hat, daß sich Rückstände um
Kraftstoff gesammelt haben könnten, sollte man eine möglichst
große Menge entwässern, nicht nur eine kleine Tasse voll. Denn
wenn Wasser in den Vergaser gerät, können Probleme auftreten:
Es kann ja nicht verbrennen, und das führt dazu, daß der Motor
einfach stehenbleibt oder zumindest so lange sehr rauh läuft, bis
das Wasser durch die Wärme verdampft ist.
Bei Einspritzmotoren gibt es ein spezielles Problem, wenn Wasser
in die Einspritzdüsen gerät, die die Zylinder mit Kraftstoff versor-
gen. Wenn das Wasser in nur einem Zylinder eingespritzt wird,
gibt es Fehlzündungen, und der Kolben, die Pleuelstange und die
Kurbelwelle können schwere Schäden erleiden.
Bevor man den Motor anläßt, sollte man den Propeller genau überprüfen. Beschädigungen könnten im Flug leicht zu der irrigen Annahme führen, daß ein rauher Lauf seine Ursache im Motor selbst
hat. Und die Vibrationen sind auch meist mit hohen Lagerbela-
stungen verbunden. Auch den Luftfilter sollte man überprüfen,
man darf nie ohne Filter fliegen. Denn ein Flugzeug wirbelt so viel
Staub auf, daß immer etwas in die Zylinder geraten kann. Und das
führt in wenigen Sekunden zum Verschleiß der Kolbenringe, die
Kompression und der Öldruck gehen dann rapide zurück.
Auch ein Blick unter die Motorhaube kann nicht schaden. Die
Kühlrippen müssen in Ordnung sein: Wenn ein Teil davon fehlt,
müssen die Zylinder erneuert werden. Eingebrannter Schmutz
kann leicht entfernt werden. Die Rippen erhöhen die Fläche des
Zylinders und bieten damit der Kühlluft mehr Angriffsfläche.
Schon wenn ein Teil dieser Fläche blockiert ist, wird die Kühlfä-
higkeit des Motors reduziert.
Wichtig ist zudem die Überprüfung der Kühlluft-Leitbleche auf

Risse. Man sollte nie ein solches Blech ausbauen oder mit einem fehlenden Leitblech fliegen, denn die Kühlung kann dadurch wesentlich verschlechtert werden. Die gesamte Kühlluftführung ist so ausgelegt, daß am Einlauf ein relativ hoher Druck entsteht, am Kühlluftaustritt dagegen ein geringer Druck. Daran darf man nichts ändern, der Preis dafür könnte zu hoch sein.

Die Verbindung von Zylinderblock und Auspuffrohr neigt leicht zu Undichtigkeiten, da die Ausdehnungen bei Hitzeentwicklung unterschiedlich sind. Die Dichtungen nehmen zwar diese Differenz auf, sie können aber dabei Risse bekommen. Von den dann austretenden heißen Auspuffgasen könnten Zündkabel oder elektrische Leitungen beschädigt werden. Wenn ein Motor lange nicht gelaufen ist, oder auch bei kaltem Wetter ist es anzuraten, den Propeller einigemale von Hand durchzudrehen, um wieder Öl auf die blanken Metallflächen zu verteilen, so daß sie beim Anlassen nicht ohne Ölfilm aneinander reiben. Und bei tiefen Temperaturen wird das erstarrte Öl dadurch etwas aufgelöst, so daß der von der geringen Batterieleistung ohnehin geschwächte Anlasser die Kurbelwelle leichter durchdrehen kann.

Flugbenzin ist weniger flüchtig als Autobenzin, und es ist deshalb schwerer zu einem explosivem Gemisch zu verdampfen. Um diesen Nachteil auszugleichen, haben Flugmotoren ein Primer-System, das eine relativ große Dosis Kraftstoff in das Ansaugsystem spritzt. Je mehr Kraftstoff vorhanden ist, desto eher wird die verdampfte Menge für die Zündung ausreichen. Sobald der Motor anspringt, wird der Restkraftstoff durch die angesaugte Luft schnell verdampft. Bei heißem Motor darf die Primer nicht benutzt werden, es sei denn, der Hersteller schreibt dies vor. Es gibt eine Ausnahme: Die Dampfblasenbildung, die manchmal das Anlassen heißer Einspritzmotoren behindert, kann oft dadurch behoben werden, daß man die Zusatzpumpe oder den Primer benutzt, wobei aber die Gemischregelung völlig ausgeschaltet sein muß. Der damit nachgepumpte etwas kältere Kraftstoff läßt die heißen Dampfblasen kondensieren, die den Durchfluß in den Leitungen blockieren. Die Pumpe sollte etwa eine Minute laufen. Wenn man zuviel eingespritzt hat und wenn dadurch Feuer entsteht, muß man unbedingt den Anlasser weiterdrehen lassen, wobei das Gas voll offen und die Gemischregelung auf Abstellen stehen muß. Wenn der Motor anspringt, saugt der durch den Vergaser fließende Luftstrom die Flammen sofort ein, die normalerweise nur durch innerhalb des Vergasers verbrennenden Kraftstoff entstehen. Allerdings sollte man nicht zu spät einen Feuerlöscher anfordern. Sobald das Feuer erloschen ist, stellt man den Motor wieder ab und überprüft Leitungen und Gummiteile auf Verbrennungen. Der Geruch von Kraftstoff zeigt an, daß der Motor vermutlich ersoffen ist. Am besten stellt man den Gashebel auf Vollgas, den Gemischhebel auf Abstellen und läßt den Motor mit dem Anlasser durchdrehen, bis der überschüssige Kraftstoff entfernt ist. Sobald wieder ein brennbares Luft-Kraftstoff-Gemisch entstanden ist, springt der Motor an. Dann muß man den Gemischhebel auf reich stellen und den Gashebel sofort auf Leerlauf.

Nach dem Anlassen ist sofort der Öldruck zu überprüfen. Die Anzeige sollte innerhalb von 30 Sekunden kommen, bei warmen Wetter geht es etwas schneller, im Winter dauert es natürlich länger. Zwischen dem Anlassen und dem Ende des Warmlaufvorgangs muß der Motor so eingestellt werden, daß er rund läuft (das dürfte bei etwa 1000 bis 1200 U/min der Fall sein), aber nicht so, daß zuviel Öldruck entsteht, da das Öl sonst durch das Umgehungsventil läuft. Die Ölpumpe drückt das Öl nämlich durch einen Filter, und wenn dieser zugesetzt ist, kann das Öl über ein Ventil den Filter umgehen. Diese Einrichtung ist deshalb installiert, weil es im Notfall besser ist, wenn der Motor von ungefiltertem, schmutzigem Öl geschmiert wird als überhaupt nicht.

Im Ölsumpf wird das Öl gesammelt und es schmiert durch seine Verwirbelung die Unterseite der Zylinder. Es muß also immer ein genügend großer Luftraum über dem Ölspiegel vorhanden sein, die Kurbelwelle dreht nur wenige Zentimeter über dem Öl. Wenn man zuviel Öl eingefüllt hat, wird es wieder ausgestoßen, oder es erzeugt so viel Innendruck, daß einige Dichtungen leck werden können. Auch bei Langstreckenflügen darf der Ölstand nur bis zur obersten Marke nachgefüllt werden, nicht höher. Zu wenig Öl ist nicht nur schlecht für die Schmierung: Da das Öl auch Wärme abtransportiert, leidet bei geringem Ölstand auch die Kühlung.

Beim Warmlaufen hat man Gelegenheit, Sicherheitsprüfung der Magnete durchzuführen. Dazu schaltet man einfach ganz kurz den Zündschalter aus, um festzustellen, ob ein Magnet zu heiß ist.

50

Aber diese Überprüfung muß schnell geschehen – nur so lange, bis man sicher ist, daß die Zündkerzen wirklich aussetzen –, denn das Triebwerk pumpt dabei eine Menge hochbrennbaren Gemisches durch den Auspuff und wenn sich davon zuviel ansammelt, kann es sich beim Wiedereinschalten der Zündung so heftig entzünden, daß im schlimmsten Fall der Schalldämpfer davonfliegt. Eine zu geringe Warmlaufdrehzahl kann zum Verrußen der Zündkerzen führen. Sie sitzen meist in der Mitte des verbrennenden Kraftstoff-Luft-Gemisches und sind so gebaut, daß sie einen Teil der Verbrennungswärme ableiten. Luftfahrtzündkerzen arbeiten ziemlich »kalt«, das heißt, daß sie relativ viel Wärme abführen. Bei geringer Drehzahl können sie so kalt bleiben, daß daran die Verbrennungsprodukte der Bleizusätze kondensieren.

Eine magere Gemischeinstellung beschleunigt weder den Warmlauf, noch verhindert sie das Verrußen der Kerzen. Bei Drehzahlen etwas über dem Leerlauf hat der Gemischhebel kaum einen Einfluß auf die tatsächliche Gemischbildung. Verrußte Kerzen haben oft ihre Ursache in zu reichem Gemisch, dabei kann sich so viel Kohle ansetzen, daß der Elektrodenabstand überbrückt werden kann. Auch ein undichter Primer kann die Ursache sein: Wenn beim Warmlaufen schwarzer Rauch aus dem Auspuff kommt, und man sicher ist, daß der Luftfilter nicht verstopft ist, dann dürfte der Primer schuld daran sein, und man sollte sofort überprüfen, ob er verriegelt ist.

Oft wird versucht, die Kerzen dadurch freizubrennen, daß man den Motor mit Vollgas laufen läßt und das Gemisch abmagert. Aber die Triebwerkhersteller weisen darauf hin, daß alle Ablagerungen an den Kerzen elektrisch leitend sind und ein plötzliches Erhitzen verändert deren chemische Zusammensetzung so, daß sie noch besser leiten – die Folge: Die Kerzen funktionieren überhaupt nicht mehr, und es kommt zu Fehlzündungen.

In gemäßigten Klimazonen genügt meist das Rollen vom Vorfeld zur Startbahn, um das Öl ausreichend aufzuwärmen. Die Hersteller versichern, die beste Anzeige, ob ein Motor startklar ist, ergibt sich, wenn er ohne Stottern auf Vollgas beschleunigt werden kann. Viele Piloten versuchen den Warmlauf im Winter durch Erhöhen der Drehzahl zu beschleunigen, oder auch durch Schließen der Kühlluftklappen. Für die Erhöhung der Drehzahl mag es viele gute

Gründe geben, aber die Kühlklappen zu schließen, ist nicht günstig. Die Kühlluftklappen sind nur für das Rollen am Boden und für den Steigflug da. Denn beim Warmlaufen erzeugt der Propeller soviel kühlende Luftströmung, daß der Effekt der geschlossenen Klappen fast völlig eliminiert wird. Öl erwärmt sich nur langsam, daran ändern die geschlossenen Kühlluftklappen gar nichts. Am besten führt man das Warmlaufen durch, wenn man sich gedanklich klar macht, wie sich die Wärme im Motor verteilt. Die Verbrennungswärme verbreitet sich in den Metallteilen ziemlich schnell, aber das Öl wird vergleichsweise langsam aufgeheizt. Man sollte deshalb die Zylinderkopftemperaturen auf Anzeichen von Überhitzung überprüfen. Dann verfolgt man die Öltemperatur, wobei zu beachten ist, daß dabei die Temperatur am kühlsten Punkt des Ölkreislaufs gemessen wird. Die Vergaservorwärmung sollte man beim Warmlaufen nicht benutzen, da die Ansaugluft dabei den Luftfilter umgeht und somit viel Staub enthalten kann. Beim Rollen vom Vorfeld zum Start kann sich im Vergaser allerdings Eis bilden. Wenn es dafür Anzeichen gibt, sollte man die Vorwärmung ziehen, auch während des Starts, wobei der entsprechende Leistungsverlust zu beachten ist. Wenn im Winter der Öldruck beim Gasgeben über den roten Strich wandert, soll man die Warmlaufperiode verlängern, bis der Druck wieder abfällt. Bleibt der Öldruck aber über dem roten Strich, sollte man die Druckanzeige einmal überprüfen lassen (vorausgesetzt, man hat Öl mit der richtigen Viskosität eingefüllt), so daß die Nadel beim Warmlaufen und im Reiseflug im grünen Bereich bleibt.

Motoren mit Festpropellern können abgebremst werden, sobald sie ohne Stottern das Gas annehmen. Beim Magnetcheck sollte man den Motor auf jedem Magneten solange laufen lassen, daß man eventuelle Defekte feststellen kann, aber nicht zulange, weil sonst die Zündkerzen verrußen können. Der Drehzahlabfall beim Ausschalten je eines Magnetsystems ist erklärlich, weil dann in jedem Zylinder nur eine der beiden Zündkerzen arbeitet. Wenn der Motor dabei rauh läuft, ist dies ein Zeichen für verrußte Kerzen oder für Defekte im Zündsystem. Wenn die Drehzahl unter den im Handbuch angeführten Wert sinkt, kann dies mehrere Ursachen haben: Verrußte Kerzen, ungenaue Elektrodenabstände, unkorrekte Gemischeinstellung oder auch falsches Benzin im Tank. Die

52

Motorenhersteller empfehlen keineswegs, das Triebwerk beim Abbremsen auf volle Startleistung zu fahren. Einen Constant-speed-Propeller sollte man bei kaltem Motor jedoch mehrmals betätigen, um sicherzustellen, daß ein warmer Ölstrom vom Motor zum Propeller fließt. Beim Abbremsen sollte der Motor nicht voll belastet werden, wenn die Propellerdrehzahl gering ist, genauso wenig wie man dem Triebwerk während des Fluges eine solche Überbeanspruchung zumuten würde.

Beim Start werden alle Hebel langsam nach vorne geschoben, das begünstigt eine lange Lebensdauer des Triebwerks. Manche Motoren haben an den Kurbelwellen bewegliche Ausgleichsgewichte, die bei verschiedenen Drehzahlen die Vibrationen mindern und schädliche Resonanzschwingungen ausschalten. Abrupte Drehzahländerungen lassen diesen Gewichten aber keine Zeit, sich auf die neuen Vibrationsfrequenzen einzustellen, so daß die Kurbelwelle zu hoch belastet wird.

Bei Vollgas wird dem Motor sowohl bei Einspritzern als auch bei Vergasertypen ein besonders reiches Gemisch verabreicht. Dieses Übermaß an Kraftstoff absorbiert Wärme und hilft bei der Kühlung der Zylinder. Man kann bei Starts von hochgelegenen Plätzen oder an heißen Tagen das Gemisch zwar etwas abmagern, aber es gibt keine Rechtfertigung dafür, mit weniger Vollgas zu starten. Bei Starts auf hochgelegenen Plätzen stellt man das Gemisch nach dem EGT auf die reiche Seite der besten Leistung ein. Hat man einen Constant-speed-Propeller, aber kein EGT, magert man beim Abbremsen so lange ab, bis ein ruhiger Motorlauf erreicht ist. Während des ganzen Starts bleiben die Einstellungen gleich, wobei die Triebwerksinstrumente ständig überwacht werden müssen.

Im Steigflug gibt es widersprüchliche Forderungen. Behält man die hohe Leistung und Drehzahl bei, verursacht man viel Lärm. Man kann sehr steil steigen, aber dann wird der Motor nicht ausreichend gekühlt. Es ist in den meisten Fällen zu empfehlen, mit etwas reduzierter Drehzahl flacher zu steigen. Damit erreicht man auch höhere Geschwindigkeiten, der Motor wird besser gekühlt und der Lärm ist geringer. Im Reiseflug muß das Triebwerk dann so eingestellt werden, daß es am wirtschaftlichsten läuft. Die meisten Handbücher geben Leistungsstufen von 75 %, 65 % etc. an, aber man kann natürlich auch jeden dazwischenliegenden Wert benutzen. Alle Kombinationen von Drehzahl und Ladedruck bedeuten bei gleicher Leistung den gleichen Kraftstoffverbrauch. Man kann sich also diejenige Einstellung aussuchen, die die geringste Vibration und den geringsten Verschleiß hervorruft.

Einspritzmotoren haben eine bessere Verteilung des Kraftstoffs im Zylinder als Vergasermotoren, deshalb muß man sich beim Gemisch nach demjenigen Zylinder richten, der am magersten läuft, auch wenn dann die anderen Zylinder ein etwas reicheres Gemisch bekommen können als nötig. Wenn die Kraftstoffflußanzeige im Verhältnis zur Triebwerksleistung einen zu hohen Wert abgibt, dann kann dies darauf hindeuten, daß irgendwo im Kraftstoffsystem eine Verschmutzung aufgetreten ist, denn die Kraftstoffflußgeräte messen genaugenommen den Druck, so daß selbst ein kleiner Fremdkörper in den Leitungen oder im Einspritzsystem einen Anstieg des Drucks bewirkt.

Bei Reiseleistung ist die Zylinderkopftemperatur mit magerem Gemisch geringer als bei hoher Motorleistung. Man darf nicht vergessen, daß die Kühlung eines Motors zwei Komponenten hat: die direkte Kühlung durch die Kühlrippen und die indirekte Kühlung durch das Öl. Bei hoher Motorleistung ist jedoch ein Kraftstoffüberfluß nötig, um die Wärmemenge abzuleiten, die größer sein kann als die beiden Motorkühlsysteme allein verkraften können. Im Reiseflug kann man die Verbrennungstemperaturen entweder durch Anreichern oder Verarmen des Gemisches senken. Wenn man anreichert, kühlt der Kraftstoffüberfluß den Brennraum, während beim Abmagern zusätzliche Luft in die Zylinder strömt. Zu magere Gemische verursachen allerdings gelegentlich Fehlzündungen, vermutlich weil die verlangsamte Verbrennung noch nicht abgeschlossen ist, wenn bereits die nächste Gemischladung durch das Einlaßventil strömt.

Wenn man beim Sinkflug die Klappen und das Fahrwerk frühzeitig ausgefahren hat, sollte man genügend hohe Motorleistung stehenlassen, um eine schockartige Abkühlung der Zylinderköpfe zu vermeiden. Nie darf man die Leistung so weit reduzieren, daß der Propeller den Motor antreibt statt umgekehrt. Die gute Vorausplanung von Anflügen sollte man sich zur Gewohnheit machen, schon allein, um das Triebwerk zu schonen. Aber man kann die beste Vorplanung manchmal nicht in die Realität umsetzen. Um den

54

Motor trotzdem warm zu halten, sollte man den Propeller auf kleine Steigung fahren und vorsichtig Gas geben (wobei das Gemisch konstant zu halten ist), ohne daß man in den gelben Bereich gerät. Vor dem Abstellen muß man sich vergewissern, daß die Kühlluftklappen offen sind, um eine Konvektionskühlung des Motors zu ermöglichen. Gestoppt wird der Motor nicht mit der Zündung, sondern durch Abstellen der Kraftstofförderung, denn Flugzeugmotoren laufen heißer als andere Kolbenmotoren. Sie neigen deshalb zum Dieseln, wenn man die Zündung vor dem Kraftstoff abstellt.

9. Alles über das Öl

Jede Minute werden in einem Kolbenmotor viele Eisen- oder Stahlteile tausendemal mit heftigen Beschleunigungen und Verzögerungen hin- und herbewegt. Die Oberflächen reiben heftig aneinander, während die Verbrennungsgase mit einigen hundert Grad C auf die Kolben donnern, die Ventile aufheizen und am Auspuff rütteln. Dazu kommen die Dreh- und Biegebeanspruchungen an der Kurbelwelle und den Zusatzaggregaten. Nur das Öl bewahrt den Motor dabei vor der Selbstzerstörung. Es funktioniert aber nicht nur als Schmierung, sondern auch als Kühl- und Reinigungsmittel. Wichtig ist dabei die Eigenschaft des Öls, sich an festen Oberflächen anzusetzen, was man leicht feststellen kann, wenn man versucht, Öl von einem Stück Metall oder Glas zu entfernen. Es bleibt immer ein feiner Ölfilm übrig, der nur mit einem Lösungsmittel beseitigt werden kann. Diese Eigenschaft führt dazu, daß die Metallteile eines Motors so aufeinander wirken, als wären sie aus Öl: Unter idealen Bedingungen gibt es im ganzen Motor keinen direkten Kontakt metallischer Teile, nur Bewegungen zwischen Ölfilmen, deren innere Reibung relativ gering ist.

Die Wirkungsweise von Öl wird manchmal verglichen mit Millionen kleiner Kugellager. Das ist irreführend: Ölmoleküle rollen nicht wie die Kugellager, sondern gleiten herum wie nasse Nudeln, denn ein typisches Ölmolekül ist etwa zwölfmal so lang wie breit. Wasser ist ebenso flüssig wie Öl, jedoch weniger viskos, es fließt schneller aus einem Eimer als Öl, so daß man es normalerweise nicht als Schmiermittel benutzen kann, weil es keinen dauerhaften Oberflächenfilm bildet.

Unter idealen Bedingungen ist jedes Teil im Inneren eines Motors von einem Ölfilm überzogen: Es gibt keinen metallischen Kontakt, wenig Reibung und Verschleiß. Aber in der Praxis sieht es anders aus, denn der Ölfilm kann nicht unbegrenzt belastet werden:

Wenn er extrem hohem Druck ausgesetzt wird, kann er reißen, so
daß die Metallteile direkten Kontakt bekommen. Hoher Druck
kann aus verschiedenen Ursachen entstehen, meistens aber wegen
der mikroskopisch kleinen Rauhigkeiten selbst der äußerlich glatt
erscheinenden Oberflächen. Wenn man ganz glatt polierte Oberflächen unter dem Mikroskop betrachtet, entdeckt man ein richti-
ges »Hochgebirge« von Zacken und Schluchten. Der Ölfilm über-
deckt diese mikroskopischen Rauhigkeiten wie ein klebriger Oze-
an, aber wenn dabei hohe Drücke auftreten, kann der Ölfilm an
sehr hohen Unregelmäßigkeiten der Oberfläche reißen. Das Ein-
laufen eines Motors beim Hersteller hat den Zweck, daß die größten Erhebungen abgerieben werden.
Eine andere Methode kann Abriebmaterial im Öl sein. Es setzt sich
aus Metallpartikelchen zusammen, die bei der Reibung entstehen
oder aus festen Verbrennungsprodukten, oder auch aus Luftver-
schmutzungen, die trotz Filter ihren Weg bis in den Motor gefun-
den haben. Jedes dieser kleinen Partikelchen kann den Ölfilm reißen lassen, wenn es zwischen zwei aneinandergleitende Metallflächen gerät.
Normalerweise werden in einem Kolbenmotor Gleitlager verwendet. Wenn ein solches Lager in den Pleueln axiale Belastungen erfährt, wie beim Arbeitstakt, dann kann der Schmierfilm herausge-
drückt werden. Das Öl muß deshalb dauernd unter Druck erneuert werden, und zwar durch ein System von Bohrungen und Öffnungen in der Kurbelwelle, in den Pleueln und im Motorblock.
Der Druck wird von einer Pumpe erzeugt, die das Öl aus einem
Reservoir entnimmt und durch den Motor drückt. Je größer die
Viskosität, desto höher der Druck. Wenn die Lager allmählich ver-
schleißen und die Zwischenräume größer werden, sinkt der
Druck. Da die Viskosität mit steigender Temperatur geringer
wird, kann fallender Öldruck – abgesehen von fehlerhaften Anzeigen – ein Anzeichen für zu hohe Temperaturen, zu geringen Ölstand, Öl mit zu geringer Viskosität oder extrem hohen Verschleiß
sein.
Eine schwankende Öldruckanzeige signalisiert normalerweise einen zu geringen Ölstand im Kurbelgehäuse. Das ist ein ernster Zustand, der sofort korrigiert werden muß: Die Schwankungen zeigen Luftblasen an, die bis zu den Lagern befördert werden, dort

die Schmierung unterbrechen und einen scharfen Anstieg des Verschleißes verursachen. Schnell sinkender Öldruck kann einen größeren Defekt anzeigen, wie beispielsweise einen Lagerbruch. Ohne Ölschmierung läuft kein Motor länger als einige Minuten. Ein totaler Öldruckverlust bedeutet also normalerweise eine Notlandung, doch wenn die Öltemperatur normal bleibt, kann die Ursache in einer Fehlanzeige des Öldruckgeräts liegen.

Für den Piloten gibt es bei der Auswahl des Öls nicht viele Möglichkeiten, man hält sich am besten genau an die Empfehlungen der Triebwerkshersteller. Das Experimentieren mit Auto-Schmierstoffen oder Additiven bringt meistens keinen Vorteil, aber man verliert bei Unfällen oder Schäden die Garantieleistungen oder auch den Versicherungsschutz, selbst wenn die Schmierung gar keine ursächliche Rolle spielte.

In einem Triebwerk, das häufig geflogen wird, ist die Beanspruchung des Öls geringer als in einem Motor, der lange Zeit steht. Bei täglichem Flugbetrieb könnte man – nach Aussagen von Schmiermittelherstellern – einen Motor mit gutem Ölfilter 200 h betreiben, bevor das Öl gewechselt werden muß. Die Triebwerkshersteller allerdings empfehlen Ölwechsel in Intervallen von 25 bis 50 Stunden mit dem Argument, daß damit auf jeden Fall mit geringen Kosten die Lebensdauer und der Zustand eines Motors verbessert werden. Die Unsicherheit über die korrekten Ölwechselintervalle könnte man durch eine chemische Analyse des verbrauchten Öls beseitigen. Dabei werden auch frühzeitig Abriebpartikel entdeckt. Natürlich ist eine solche Maßnahme nicht unverzichtbar. Aber es hat Fälle gegeben, wo man durch eine Analyse des Öls einen drohenden Motorschaden verhindern konnte. Und wenn man nur einen einzigen Triebwerksausfall vermeiden kann, dann haben sich die Kosten vieler vorbeugender Ölanalysen schon bezahlt gemacht.

10. Das elektrische System

Fast jedes Betriebshandbuch enthält ein komplettes Schema des Elektrik-Systems, und die Hersteller scheinen anzunehmen, daß jeder Pilot in der Lage ist, dieses Schema auch zu verstehen. Das ist aber mit Sicherheit nicht der Fall, es sei denn man ist Elektroingenieur oder hat den Physikunterricht noch nicht vergessen. So werden diese Seiten meist sehr schnell überblättert. Aber wenn man ein Flugzeug fliegt, dessen Elektrik aus mehr besteht als nur aus dem Zündsystem, sollte man eigentlich etwas darüber wissen. Immerhin hat schon eine »Cessna 150« elektrische Landeklappen.

Am besten fängt man mit der Batterie an. Sie ist die einzige Energiequelle für die Bordsysteme wenn das Flugzeug geparkt ist. Man kann eine Batterie mit einem Wasserturm vergleichen: Er liefert Wasser mit bestimmtem Druck, das vorher mit einem bestimmten Energieaufwand hinaufgepumpt wurde. Ein gewöhnlicher Blei-Akku liefert elektrischen »Druck«, das ist die Spannung, die beim Laden »hineingepumpt« wurde. Und wenn man mit diesem Strom einen Elektromotor betreibt, ist das so ähnlich, wie wenn das aus dem Turm fließende Wasser ein Mühlrad treibt.

Man braucht sich nicht damit zu beschäftigen, warum die Kombination von Blei und Säure im Akku Strom erzeugt. Wichtiger ist es, einfach darauf zu achten, daß der Akku seine Arbeit leistet, wenn man ihn braucht. Daß man damit seinen Motor starten kann, ist mehr oder weniger eine Sache der Bequemlichkeit. Wirklich wichtig wurden die Bordakkus erst mit der Einführung von Funkgeräten.

Es gibt nur wenige Einflüsse, die die Funktion eines Akkus beeinträchtigen. Dazu gehört beispielsweise die zu schnelle Entladung, bei der ein Teil der elektrischen Energie in Wärme umgewandelt wird. Ein Akku hat nämlich einen Innenwiderstand, ähnlich wie eine Glühbirne oder ein Toaster, und wenn viele Elektronen durchfließen, entsteht Hitze. Dasselbe passiert, wenn der Akku mit zu hoher Spannung geladen wird, er heizt sich auf und im Extremfall beginnt die Säure zu kochen. Ein Akku, der viel Wasser verbraucht, ist auf jeden Fall nicht ganz in Ordnung.

Wenn man seinen Akku immer mit destilliertem Wasser füllt und sicherstellt, daß er weder zu schnell be- noch entladen wird, dann dürfte er lange leben. Eine zu schnelle Entladung kann eigentlich nur durch einen Kurzschluß passieren. Der gleichzeitige Betrieb mehrerer Geräte für eine kurze Zeit entlädt einen gesunden Akku nicht so stark, daß er davon beschädigt würde. Aber er kann natürlich geschwächt werden, und wenn er in diesem Zustand längere Zeit bleibt, dann werden die Bleiplatten von der Säure angegriffen. Ein entladener Akku kann im Winter auch leicht einfrieren. Am besten ist es, die Säure ständig mit einem handelsüblichen Gerät zu überprüfen.

Selbst ein voll aufgeladener Akku liefert bei kaltem Wetter eine geringere Spannung als bei Wärme, da sich die chemischen Reaktionen bei Kälte viel langsamer abspielen. Deshalb sollte man einen kalten Akku nicht überbeanspruchen. Dazu trägt es bei, wenn man vor einem Kaltstart des Motors den Propeller von Hand einige Male durchdreht, die vom steifen Öl gebundenen beweglichen Teile lösen sich, und die vom Akku zu leistende Arbeit wird geringer. Noch besser ist natürlich ein geheizter Hangar.

Wie sich die Flugzeug-Elektrik im Laufe der Geschichte entwikkelt hat, ist unklar. Schon die Positionslichter brauchten Strom, dann kamen die Landescheinwerfer. Als Zwischenlösung baute man vom Fahrtwind betriebene Dynamos ein. Deutlich verbessert wurde die Stromversorgung durch die Einführung der vom Motor angetriebenen Generatoren. Aber ein Generator hat den Nachteil, daß die Spannung der erzeugten Elektrizität mit der Drehzahl wechselt. Bei zu hoher Spannung jedoch überhitzt der Akku, man muß einen Spannungsregler dazwischenschalten, der auch dafür sorgt, daß kein Strom zum Generator zurückfließen kann.

Heute verwendet man überwiegend Wechselstromgeneratoren, deren Strom über leichte Dioden gleichgerichtet wird, denn Akkus können nur mit Gleichstrom betrieben werden. Im Gegensatz zu Gleichstromgeneratoren erzeugen Wechselstromgeneratoren schon bei Leerlauf-Drehzahlen einen Ladestrom, und ihre Leistung ist generell besser. Ihre Schwachstellen sind aber die Dioden, die noch empfindlicher gegenüber Hitzeeinwirkungen sind als Akkus.

Die Akkuleistung wird in Flugzeugen durch Betätigung des Hauptschalters im Instrumentenbrett aktiviert. Man muß aber wissen, daß dieser Schalter nicht direkt mit dem Akku verbunden ist, man will zu lange, schwere Kabel vermeiden. Der Hauptschalter schließt über dünne Drähte nur einen Kontakt, mit dem ein elektromechanischer Schalter betätigt wird. Und nur wenn dieser geschlossen ist, steht die Akkuleistung zur Verfügung. Wenn man also den Hauptschalter betätigt und die Instrumente zeigen nichts an, heißt das noch nicht unbedingt, daß der Akku leer ist, es kann auch am zweiten, dem elektromechanischen Schalter liegen.

Das Anlassersystem ist meist unabhängig vom übrigen Bordnetz. Wegen der hohen Stromstärke, die man zum Anlassen braucht, ist dieser Stromkreis getrennt verkabelt, und zwar so, daß beim Betätigen das restliche Netz total abgeschaltet wird. Denn erstens braucht man zum Anlassen die volle Akkuleistung, und zweitens könnten die hohen Stromstärken andere Geräte beeinträchtigen.

Neuere Flugzeuge haben geteilte Hauptschalter. Die eine Hälfte betätigt den elektromechanischen Akkuschalter, die andere bewirkt, daß der Wechselstromgenerator Elektrizität erzeugen kann. Was passiert, wenn der Generator ausfällt, beispielsweise wegen einer schadhaften Diode? Dann schaltet man die Generatorhälfte des Hauptschalters aus, denn sonst fließt vom Akku weiterhin Strom in den Generator, über den Akkuschalter werden die elektrischen Geräte dann weiterbetrieben.

Nun zum Ampèremeter, der in manchen Flugzeugen eigentlich ein Voltmeter ist, geeicht auf Ampère. Man erfährt also nicht direkt, wie hoch die Spannung bei der Entladung des Akkus ist. Nur größere Flugzeuge bieten auch die Möglichkeit, die Spannung zu messen, und man wundert sich, warum dies bei kleineren Flugzeugen noch nicht der Fall ist. Denn zu hohe Spannungen können, wenn der Regler ausfällt, nicht nur die Akkusäure zum Kochen bringen, sie zerstören auch Funkgeräte, die besonders empfindlich gegen Spannungsschwankungen sind. Ein Voltmeter warnt auch vor zu geringer Ladung durch den Wechselstromgenerator, bevor der Akku leer ist.

Was kann man tun, wenn irgendetwas ausfällt? Wenn die Stromquelle, sei es der Akku oder der Generator, in ihrer Leistung nachläßt, muß man alle Verbraucher abschalten, um dann für die Landung noch über die Restleistung verfügen zu können. Das ist nicht ganz so schlimm wie es klingt: Man kann zwischendurch den Akku kurz wieder einschalten, um schnell den Kurs zu überprüfen. Die genauen Verfahren der Fehlersuche bei Fehlfunktionen der Elektrik variieren natürlich je nach Flugzeugmuster, aber in den Handbüchern sind dafür genügend Hinweise zu finden. Viele Piloten vergessen, daß das Ausschalten des Hauptschalters keinen Einfluß auf das Triebwerk hat, denn die Zündkerzen werden von Magneten mit Strom versorgt, die völlig unabhängig vom übrigen Elektriksystem sind. Solange die Zündung eingeschaltet ist, läuft der Motor, bis der Kraftstoff zu Ende ist. Allerdings fallen die Triebwerksinstrumente ebenso aus wie alle anderen elektrischen Geräte. Das gelegentliche Einschalten des Akkus erlaubt auch das schnelle Checken der Triebwerksinstrumente.

Erfahrene Elektrotechniker behaupten, daß die meisten Probleme durch lockere Kabel, gebrochene Isolierungen und Wackelkontakte entstehen, und nicht durch wirkliche Ausfälle von Komponenten. So kann ein loser Kontakt oder ein korrodierter Akku den Widerstand im Stromkreis so erhöhen, daß die Spannung unter das notwendige Niveau absinkt.

Es gibt zu wenige Gemeinsamkeiten zwischen den Systemen, als daß man im Detail darauf eingehen könnte. Die Lektüre der Handbücher und ein Gespräch mit dem Elektromechaniker können deshalb nie schaden.

11. Turbolader

Nicht nur das Pitotrohr ist von der Luftdichte abhängig, sondern das ganze Flugzeug. Immerhin wiegt die Luftmenge, die ein einmotoriges Leichtflugzeug in Seehöhe auf eine Meile Strecke durchschneidet, etwa vier Tonnen. So wie die mit der Höhe abnehmende Dichte den Staudruck im Pitotrohr verringert und deshalb auch die angezeigte Geschwindigkeit, so reduziert sich auch der Widerstand. Daraus folgt, daß bei gegebener Motorleistung das Flugzeug mit wachsender Höhe auch eine größere wahre Geschwindigkeit erzielen kann. Anders ausgedrückt, die angezeigte Geschwindigkeit bleibt bei gleicher Motorleistung in allen Höhen gleich groß. Da die Motoren aber Luft zum Atmen brauchen, werden auch sie von der abnehmenden Luftdichte beeinflußt. In großen Höhen ist das Gewicht der angesaugten Luft eines Zylinders kleiner, die Kraftstoffmenge muß entsprechend reduziert werden, so daß die Leistungsausbeute geringer wird. Die Lösung des Problems besteht darin, daß man dem Motor komprimierte Luft zuführt, deren Dichte etwa derjenigen in Seehöhe entspricht. Ein Zentrifugalkompressor, angetrieben von den Auspuffgasen erfüllt diese Aufgabe. Da die Abgasenergie normalerweise verloren geht, bedeutet der Antrieb eines Turboladers für den Motor keine zusätzliche Belastung.

Turbolader sind kleine, aber kräftige Geräte. Die Turbinen- und Verdichterlaufräder haben einen Durchmesser von nur wenigen Zentimetern, und die Verbindungswelle ist kaum länger als ein Bleistift. Die Drehzahl liegt bei etwa 100 000 U/min, und die Turbine arbeitet in den mehrere hundert Grad heißen Auspuffgasen. Der Betrieb des Turboladers wird durch ein Kontrollventil im Zuleitungsrohr der Abgase reguliert. Wenn keine oder nur wenig Aufladung benötigt wird, öffnet sich das Ventil, und die Abgase werden umgeleitet. Wenn es allmählich geschlossen wird, fließt mehr und mehr Gas durch die Turbine, deren Drehzahl steigt, so daß die Aufladung ständig wächst, bis das Ventil völlig geschlossen ist.

Das mit einem Turbolader erreichbare maximale Verdichtungsverhältnis wird allerdings begrenzt von der Aufheizung der komprimierten Luft. Wenn die Luft auf mehr als 2,2 Verdichtungsverhältnis komprimiert wird, kann es zu Klopferscheinungen im Motor kommen. Unter der Annahme, daß das Triebwerk maximal einen Druck entsprechend der Seehöhe verträgt, liegt die Höhe, bei der ein Verdichtungsverhältnis von 2,2 erreicht wird, bei 16 000 Fuß. In dieser Höhe erzeugt der Motor noch 100% seiner Leistung, man nennt sie deshalb die »kritische Höhe«. Man kann diese Höhe jedoch noch steigern, wenn man zwischen Kompressor und Motor einen Kühler einbaut, der die Temperatur der Luft unter Beibehaltung ihrer Dichte senkt. Aber die Vorteile eines Ladeluftkühlers sind nicht so groß, als daß das in Leichtflugzeugen damit verbundene Mehr an Kosten, Gewicht und Komplexität gerechtfertigt wäre.

Über der kritischen Höhe ist das Kontrollventil völlig geschlossen, und der Ladedruck hängt nun nicht mehr von diesem Ventil, sondern von der Abgasmenge ab, also von der Leistungseinstellung des Triebwerks. Falls Leistungsänderungen nicht sehr vorsichtig durchgeführt werden, schaukeln sich der Motor und der Lader gegenseitig auf: Höhere Motorleistung steigert die Abgasmenge, die wiederum den Turbolader beschleunigt, was zu höherem Ladedruck führt, und die Motorleistung steigt erneut an. Das führt zu dem Problem, daß der Ladedruck und die Motorleistung nur schwer zu stabilisieren sind. Dagegen hilft nur eine betont langsame Bedienung.

Bei einem der beiden in Leichtflugzeugen gebräuchlichen Systeme, dem Rajay-Turbolader, wird das Kontrollventil von Hand bedient. Die Vernierschraube wird benutzt, wenn der Gashebel auf voller Leistung steht, normalerweise ab 6000 Fuß. Damit kann man den Ladedruck konstant halten, so daß die Aufladung genau den äußeren Bedingungen entspricht. Die meisten Turbolader kommen jedoch von Garrett AiResearch und haben ein automatisches Kontrollventil. Die Triebwerksbedienung ist dabei genauso wie bei normal beatmeten Motoren.

Ein verfeinertes System in der Turbo Navajo ist in der Lage, selbst in Seehöhe noch erhöhten Ladedruck zu erzeugen, um die Startleistung von 290 PS auf 310 PS zu erhöhen. Aber im allgemeinen kann man die Vorteile des Turboladers nur dann voll nutzen, wenn man oft von Plätzen mit großer Dichtehöhe operiert oder lange Strecken in Höhen über 15 000 Fuß fliegt.

Unbestritten ist der Geschwindigkeitsvorteil der Turbolader-Flugzeuge, aber da man ihn nur in großen Höhen nutzen kann, muß man die Steigzeit mit in Betracht ziehen, so daß die Blockzeiten nur wenig besser sind als bei normal beatmeten Motoren. Der Vorteil liegt bei 10 % oder darunter. Selbst wenn diese Differenz bei jedem Flug wirklich 10 % betragen würde, könnte man sie nur bei Flügen mit günstigen Windverhältnissen nutzen und auch nur dann, wenn man mindestens drei oder vier Stunden unterwegs ist, um den längeren Steigflug wieder zu kompensieren. Aber wenn man im Durchschnitt aller Flüge nur 5 % Geschwindigkeitsvorteil nutzen kann, entsteht daraus noch keine Verringerung der Betriebskosten pro Meile. Der Turbolader selbst ist zwar ein einfaches Gerät, aber er erfordert doch auch Wartungsarbeiten, und die Ansteuerung des Kontrollventils kann natürlich einmal defekt werden, genau wie jedes andere Präzisionsgerät. Die Zwischenüberholzeiten (TBO) von Turboladermotoren sind überdies kürzer als bei Normalmotoren, und die Überholungskosten sind höher. So hat der normale 285 PS Einspritzer Continental 10–520 eine TBO von 1500 h, bei der Turboladerversion dagegen sind es 100 h weniger. Bei anderen Motoren kann der Unterschied sogar einige hundert Stunden betragen. Nicht zu vergessen ist, daß selbst kleinere Servicearbeiten komplizierter werden können, weil der Motorraum wesentlich dichter vollgepackt ist.

Ein anderes Problem entsteht dadurch, daß man – falls das Flugzeug keine Druckkabine hat – eine Sauerstoffanlage mitführen muß. Und wenn man die dadurch entstehenden Kosten, aber auch die Unbequemlichkeit mit in Betracht zieht, dann stellt sich heraus, daß das Image des Turboladers als einer einfachen, billigen Methode für Geschwindigkeitssteigerung eigentlich auf einem Mißverständnis beruht. Die Geschwindigkeit ist natürlich ein einfaches und attraktives Verkaufsargument, aber sie ist nicht der einzige unter den praktischen Gesichtspunkten. Interessant sind eher die guten Start- und Steigleistungen bei großer Zuladung auf hochgelegenen Plätzen und die verbesserten Einmotorenleistungen bei Zweimots.

Der Turbolader hat seine logische Berechtigung. Es gibt keinen Grund dafür, daß man im Steigflug eine immer schwächer werdende Motorleistung hinnehmen muß, um auf Höhen zu klettern, die für den Reiseflug eigentlich optimal sind. In Kombination mit einer Druckkabine ist der Turboladermotor noch für lange Zeit ein akzeptables Äquivalent für Turboprops, zumindest in den kleineren Leistungsklassen. Aber man darf nicht übersehen, daß ein Turbolader-Hochleistungsflugzeug auch erhöhte Anforderungen an den Piloten stellt. Denn man muß seine Flüge sorgfältiger planen und kann die Vorteile meist nur nutzen, wenn man IFR in kontrollierten Lufträumen fliegt. Der Übergang zum Turbolader will also wohlüberlegt sein, sonst gibt man viel Geld für ein Flugzeug aus, das man überhaupt nicht voll nutzen kann.

12. Der Autopilot

Die Hersteller von Autopiloten haben eine schwierige Aufgabe: Sie müssen ein Gerät schaffen, das mehr oder weniger alle Piloten zufriedenstellt und genauso gut funktioniert wie sie selbst. Es muß zudem zuverlässig und sicher im Betrieb sein. Auch an andere Bordsysteme werden harte Forderungen gestellt, aber der Autopilot hat insofern eine Sonderstellung, als er sich wie ein menschlicher Pilot verhalten soll.

Die verschiedensten Arten von Autopiloten umfassen einen weiten Leistungsbereich. Die einfachsten erhöhen nur die Stabilität um die Längsachse, denn diese Achse hat in den Flugzeugen grundsätzlich die geringste »natürliche« Stabilität. Wegen dieser sehr simplen Funktion wird ein solches Gerät von den meisten Piloten nicht als Autopilot bezeichnet, vor allem seit die immer komplexeren Geräte auch Navigationsaufgaben erfüllen, und zwar vom Einhalten eines Kurses bis zur Durchführung eines ganzen Fluges. Dabei beschränkt sich die Einflußnahme des Piloten nur noch auf die Wahl des Zielflugplatzes und auf das Einschalten des Gerätes. Ein Pilot bekommt seine Umweltinformationen aus optischen Wahrnehmungen und in gewissem Ausmaß vom Gleichgewichtsorgan im Ohr, wobei letzteres ohne gleichzeitige optische Wahrnehmungen sehr irreführend sein kann. Autopiloten haben mit ihren Kreiselsystemen eine Lagereferenz, die über eine lange Zeitperiode eine feste Position im Raum einhält. Diese aus den Kreiseln gewonnene Information wird im Autopiloten in Befehle an die Flugzeugsteuerung verarbeitet. Die Kreisel haben zwei meßbare Fähigkeiten, die Bestimmung der Position und deren Veränderung. Die Information über die Position ermöglicht es dem Autopiloten, eine Höhe oder einen Kurs zu suchen und einzuhalten, während die Information über die Positionsänderung die Geschwindigkeit der eigenen Korrekturen steuert. Außer von den

Kreiseln können diese Informationen auch von Funk-Navigationsgeräten kommen.

Wenn der Kurs geändert werden soll, vergleicht der Autopilot die gegenwärtige Position des Kurskreisels mit den Instruktionen, die er vom Piloten erhalten hat. Durch die Differenz zwischen realem und gewünschtem Kurs entsteht eine elektrische Spannung, deren Polarität von der Richtung abhängt, in der der neue Kurs liegt. Über einen Verstärker wird dieser Strom zu einem Servomotor geleitet, der die Querruder betätigt. Um zu verhindern, daß die Querruder bis zum Anschlag bewegt werden (denn die Spannung bleibt ja so lange bestehen, bis der gewünschte Kurs erreicht ist), wird nun durch den Ruderausschlag selbst eine Spannung erzeugt – in gleicher Größe, aber in entgegengesetzter Polarität. Je mehr die Querruder ausgeschlagen werden, desto höher wird die Gegenspannung, bis sie den Wert der Kurskreisel-Spannung erreicht. Dann bleibt das Querruder stehen.

Das Flugzeug hat nun die Rollbewegung eingeleitet und der Kurs verändert sich. Die Kreisel geben diese zwei neuen Informationen zum Verstärker in Form von Spannungen, die entgegengesetzt gepolt sind zu der Spannung der Kurskreiselkorrektur. So laufen die Servomotoren jetzt in umgekehrter Richtung und bewegen die Querruder zurück, um das Rollen zu stoppen. Durch sorgfältiges Abstimmen dieses Systems kann man erreichen, daß das Einleiten der Rollbewegung sehr weich geschieht, und daß ein stabiler Kurvenflug erreicht wird.

Wenn sich das Flugzeug dem gewünschten Kurs annähert, fällt die durch den ursprünglichen Kursfehler erzeugte Spannung ab. Die Servomotoren erhalten das Signal, die Querruder so auszuschlagen, daß die Kurve beendet wird. Erst wenn der gewünschte Kurs genau erreicht ist und die Flügel wieder horizontal sind, gehen alle Spannungen auf Null zurück.

Ähnlich funktioniert die Arbeit des Autopiloten um die Nickachse. Aber es gibt doch Unterschiede: Da das Flugzeug um diese Achse stabil ist, braucht das Höhenruder nach Einleiten des Manövers nicht neutralisiert zu werden, allerdings muß der Autopilot natürlich Störungen korrigieren.

Da die Informationen des Autopiloten aus Spannungen bestehen, erzeugt von Kreiseln, kann man sehr einfach mit Potentiometern

Kommandos in das System eingeben, so daß der Pilot die Kreisel-funktionen »simulieren« kann. Um eine Rechtskurve einzuleiten, gibt man dem Autopiloten per Hand die gleiche Spannung ein, die ein Kreisel erzeugen würde, wenn das Flugzeug links kurven würde. Die Vorwahl von Kursen, Höhen, Funkfeuern oder Lande-kurssendern bedeutet nichts anderes als das Erzeugen von Span-nungen, die der Autopilot wieder auf Null bringen will, indem er das Flugzeug entsprechend steuert.

Eines der schwierigsten Probleme für die Hersteller von Autopilo-ten ist das Interface zwischen ihrem Gerät und den Avionik-Gerä-ten, mit denen es zusammenarbeiten muß. Der Autopiloten-Her-steller kann sein System zwar so gut wie möglich abstimmen, aber die Avionikfabrikate unterscheiden sich doch in gewissen Punk-ten. Manche Geräte liefern schlechtere Signale als andere, und wenn die Qualität des Signals ungenügend ist, kann der Autopilot natürlich nur schwer einen genauen Kurs einhalten.

Aus wirtschaftlichen Gründen sind in Leichtflugzeugen nur weni-ge Autopiloten eingebaut, die viele automatische Funktionen gleichzeitig durchführen können. Der Pilot kann aber zwischen einzelnen Betriebsarten wählen. Dadurch sind einfachere Schal-tungen im Autopiloten möglich, und das senkt die Kosten. Je dich-ter der Verkehr im kontrollierten Luftraum wurde, desto sinnvol-ler war der Einsatz von Autopiloten, um die Arbeitsbelastung des Piloten zu reduzieren. Aber andererseits darf man von diesen Ge-räten nichts Unmögliches verlangen: Man sollte zumindest das Be-triebshandbuch einmal durchlesen und verstanden haben. Das ist leider nicht immer einfach, denn die Industrie wendet zwar Millio-nenbeträge für die Entwicklung auf, spart aber an der übersichtli-chen Beschreibung und Darstellung ihrer Geräte in den Handbü-chern. Am besten ist es, sich den Autopiloten von einem Fluglehrer, der das Gerät kennt, im Flug demonstrieren zu lassen.

Trotz ihrer hohen Preise werden die Autopiloten immer mehr Ver-breitung finden. Die Komplexität des IFR-Systems in der Zivil-luftfahrt macht ihn zu einer willkommenen Hilfe.

13. Gewicht und Schwerpunkt

Der Begriff »Fluggewicht« ist ein legaler Ausdruck, sonst nichts, und man versucht damit etwas präzise zu beschreiben, was in Wirklichkeit gar nicht so genau zu fassen ist. Piloten stehen Fluggewichts-Beschränkungen instinktiv skeptisch gegenüber, weil sie – nicht ganz zu unrecht – glauben, daß ein Kilo oder auch ein Dutzend Kilo an Überladung ein Flugzeug von 1500 kg Fluggewicht nicht plötzlich unfliegbar machen. Einige Piloten gehen in ihrer Skepsis aber auch so weit, daß sie sogar die Schwerpunktlage ignorieren – mit dem gar nicht so seltenen Ergebnis, daß sie gleich hinter der Startbahn in den Büschen landen.

Das Fluggewicht ist ein von den Konstrukteuren mehr oder weniger willkürlich gewählter Wert, der als Grundlage für die Strukturberechnung des Flugzeugs dient. Die FAA fordert bestimmte strukturelle Festigkeiten bezogen auf bestimmte Belastungen.

Die Belastungen werden vom Hersteller gewählt, die Festigkeit ist in den FAA-Bauvorschriften festgelegt, und der Hersteller versucht eine Struktur zu bauen, die die FAA-Forderungen erfüllt. Dabei wird man kaum über die FAA-Werte hinausgehen, da zusätzliche Festigkeit auch unweigerlich zusätzliches Gewicht bedeutet. Überdies ist ein Flugzeug nur so fest wie sein schwächster Punkt: Ein für 11 g ausgelegter Flügel hat keinen Wert, wenn das Leitwerk nur 6 g verträgt. Die von der FAA festgelegten Belastungswerte lassen sich wie folgt beschreiben: +3,8 g in der Kategorie »Normal«, +4,4 g in der Kategorie »Utility« und +6 g in der Kategorie »Aerobatic« (die entsprechenden negativen Lastvielfachen sind jeweils etwa halb so hoch wie die positiven). Wenn also beispielsweise ein Flugzeug in der Utility-Kategorie zugelassen ist, kann man davon ausgehen, daß seine Struktur eine positive Beschleunigung von 4,4 g verträgt, ohne daß es zu bleibenden Verformungen kommt. Über dieses Limit hinaus gibt es keine Garan-

tie mehr, daß sich nicht irgendein Teil so sehr verbiegt, daß es bei
Entlastung nicht mehr in seinen ursprünglichen Zustand zurück-
kehrt. Es besteht aber immer noch bis 6,6 g – also 50% über dem
sicheren Lastvielfachen – die Sicherheit, daß kein Teil des Flugzeugs bei vollem Fluggewicht bricht.

Trotz all ihrer Genauigkeit bis hinter das Komma sind die FAA-
Lastvielfachen keine absoluten, allgemein gültigen Werte. Andere
Länder und Behörden haben andere Limits. In England beispielsweise gelten +4,4 g für die Aerobatic-Kategorie, und für die Nor-
mal-Kategorie wurden +4 g festgelegt. Der Wert von +3,8 g kam
unter der Annahme ganz bestimmter plötzlicher Böenbelastungen
zustande. Aber Untersuchungen unter realen Flugbedingungen
zeigten, daß solche Böen so selten auftreten, daß kaum ein Flugzeug im Laufe seines Lebens damit konfrontiert wird. Wenn man
also ein Flugzeug über sein zulässiges Fluggewicht hinaus belädt,
büßt man etwas vom Sicherheitsfaktor 3,8 g ein, der gegen Bruch-
beanspruchungen in schwerer Turbulenz schützen soll. In der Tat
reduziert aber eine höhere Flächenbelastung die Böenempfindlich-
keit, und bei einer bestimmten Böe wird der am wenigsten belaste-
te Flügel die größten g-Belastungen erfahren. Natürlich steigt die
auf den Flügel ausgeübte Kraft an, wenn man ein Flugzeug über
den Wert des Startgewichts belädt, aber trotzdem werden die g-Belastungen reduziert. Mit anderen Worten: Die Reduzierung der
Böenreaktion ist nicht gleichzusetzen mit einer höheren Belastung
des Flügels. Abgesehen von der Tatsache, daß die Lastvielfachen
von der FAA etwas willkürlich festgelegt werden, werden die heutigen Flugzeuge aufgrund von vielen Unwägbarkeiten beim Ent-
wurf und von etwas unklaren Konstruktionsfaktoren fast durch-
wegs überdimensioniert. Die rein strukturellen Konsequenzen einer Überladung sind also nicht sehr schwerwiegend.

Aber ganz anders sieht es im Hinblick auf die Leistung aus. Fast jeder Aspekt des Leistungsvermögens, einmal abgesehen vom Sinkflug, wird vom Übergewicht negativ beeinflußt. Die Reisegeschwindigkeit beispielsweise wird pro 100 kp Zusatzgewicht um
mehr als 3 km/h geringer. Noch deutlicher ist die Steigleistung betroffen: Das Steigvermögen eines Flugzeugs hängt ab von der Motorleistung, die über den Bedarf der Auftriebserzeugung und der
Aufrechterhaltung einer bestimmten Geschwindigkeit hinaus ver-

fügbar bleibt. Übergewicht beansprucht allein für das Einhalten der Flughöhe mehr Motorleistung. Diese Fakten sind jedoch trivial gegenüber dem Einfluß des Übergewichts auf die verbleibende, bzw. Steigleistung.

Ein PS ist definiert als 75 mkp/s, das heißt also: Ein PS ist diejenige Leistung, die man braucht, um 75 kp in einer Sekunde einen Meter hoch zu heben. Wenn also ein Flugzeug 750 kp wiegt, braucht man 10 PS um es pro Sekunde einen Meter steigen zu lassen. Für eine Steigrate von 3 m/s werden schon 30 PS beansprucht. Ein 1500 kp schweres Flugzeug beansprucht für eine Steigleistung von 7,5 m/s, die man in dieser Klasse erwarten kann, bereits 150 PS plus 40 PS für diverse Verluste. Bei einem 295 PS starken Motor bleiben also nur 95 PS übrig, um die gegebene Steiggeschwindigkeit von angenommen 180 km/h aufrechtzuerhalten. Nehmen wir jetzt einmal an, wir hätten das Flugzeug um 10% überladen und wollten an einem heißen Tag aus einer Höhe von 3000 ft steigen. Die Dichtehöhe liege bei 4000 ft, die Triebwerkleistung beträgt bei Vollgas nur noch 85%. Nur zum Halten der Höhe brauchen wir von diesen 242 PS schon 100 PS. Die verbleibenden 142 PS erlauben nur noch eine Steigleistung von weniger als 5 m/s – weit unter den 7,5 m/s, die man von der Maschine erwartet hatte. Wenn man 20% überladen hätte, käme man unter diesen Bedingungen auf nicht viel mehr als 3 m/s Steigleistung.

Aber noch viel stärker als die Steigleistung wird durch das Übergewicht die Startstrecke beeinträchtigt. Das Zusatzgewicht macht sich in zweierlei Hinsicht nachteilig bemerkbar: Es erhöht die Zeit und damit auch die Strecke, die ein Flugzeug braucht, um die Abhebegewindigkeit zu erreichen, die zudem viel höher liegt. Der Auftrieb wächst im Quadrat der Geschwindigkeit, man braucht deshalb zwar nur 10% mehr Geschwindigkeit, um 20% mehr Gewicht zu heben. Aber man braucht wesentlich mehr Zeit, um von 100 km/h auf 110 km/h zu beschleunigen, als von 0 auf 10 km/h. Das Zusammentreffen dieser ungünstigen Umstände kann katastrophal werden, besonders wenn der Flugplatz und die Temperaturen hoch liegen: So seltsam es klingt, aber Überlaststarts werden sehr oft auf hohen Plätzen und bei heißem Wetter durchgeführt, vielleicht weil bei sommerlichen Ferienflügen die Maschine vollgepackt wird mit Passagieren, Gepäck und etlichen Souvenirs. Das

Wetter auf dem hochgelegenen Alpenflugplatz ist warm und anderntags muß man wieder zur Arbeit antreten – da bleibt für eine exakte Beladung keine Zeit. Piloten glauben oft, sie müßten eine Überladung riskieren, und dabei spielt auch das Prestige eine zu große Rolle: Sie glauben, es sei ihrem Ansehen abträglich, den Start abzusagen, wenn die ganze Familie mit Sack und Pack schon reisebereit um das Flugzeug herumsteht.

Wenn man sich die oben angeführten Zahlenbeispiele für den Überlastfall einer 1500 kp Einmot vor Augen hält, erkennt man sehr schnell, daß ein Überschreiten des Startgewichts bei einer Zweimotorigen drei bis viermal kritischer ist, denn die Bedingungen für den Triebwerkausfall verschlechtern sich dann dramatisch. Der Einfachheit halber sollen die gleichen Daten wie oben zugrundegelegt, aber dazu genommen werden, die Maschine habe zwei Motoren mit je 145 PS, sei 20% überladen und würde bei 4000 ft Dichtehöhe starten. Wenn dann am Ende der Piste ein Triebwerk ausfällt, dann braucht man von den verfügbaren 121 PS schon 100 PS, um in der Luft zu bleiben, das Steigvermögen liegt nur noch bei weit unter 1 m/s.

Selbst wenn man die Verhältnisse in Seehöhe betrachtet, sieht die Situation nicht viel besser aus: Eine durchschnittliche Zweimot von 2000 kp Gewicht und zweimal 260 PS hat einmotorig eine Steigrate von 2 m/s. Sie braucht dabei 55 PS zum Steigen, 15 PS muß man für Verluste abrechnen, die restlichen 190 PS des laufenden Motors werden für das Aufrechterhalten der Flugfähigkeit in Anspruch genommen. An einem warmen Tag wird die Maschine bei 20% Überladung kaum besser als 1 m/s steigen, und die Dienstgipfelhöhe liegt bei etwa 900 m. Das ist nicht sehr begeisternd.

Die Mindeststeuergeschwindigkeit im Einmotorenflug wird von der Überladung zwar nicht sehr ernsthaft beeinträchtigt, aber trotzdem sind die Auswirkungen sehr negativ: Die Steuerbarkeit wird ganz allgemein schlechter, weil ein Flugzeug um so mehr unter die Leistungskurve gerät, je schwerer es ist, das heißt, eine Beschleunigung ist nur noch durch Höhenverlust möglich.

Überladung an sich ist nicht notwendigerweise gefährlich – viele Überführungspiloten starten zu Atlantiküberquerungen mit erheblicher Überlast – aber sie verursacht eine Reihe von Problemen wie reduzierte Reichweite, schwierige Start- und Steigbedingungen und schlechte Langsamflugeigenschaften. Man sollte deshalb alle Umstände sorgfältig abwägen, bevor man sich dazu entscheidet, mit mehr als 10% Überlast zu starten.

Abgesehen vom Gewicht selbst, ist die ernsteste Überlegung wohl die Verteilung der Ladung: ein überladenes Flugzeug macht ein Flugzeug zwar schwierig zu fliegen, ein falsch beladenes Flugzeug aber ist völlig unfliegbar. Die Schwerpunktlage hat nur indirekt mit dem Startgewicht zu tun. Die meisten Flugzeuge sind so ausgelegt, daß mehr Ladung den Schwerpunkt meist nach hinten wandern läßt, denn die Rücksitze und der Gepäckraum liegen im allgemeinen hinter dem Schwerpunkt. Je näher man dem Startgewicht kommt, desto wahrscheinlicher wird es, daß man aus dem zulässigen Schwerpunktbereich gerät.

Die Festlegung des Schwerpunktbereiches ergibt sich aus ganz fundamentalen aerodynamischen Eigenschaften des Flugzeugs. Die Kombination von Flügel und Leitwerk ist so gewählt, was die Flächen, deren Position und Einstellwinkel betrifft, daß das Flugzeug nur dann längsstabil fliegt, wenn der Schwerpunkt vor dem sogenannten Neutralpunkt liegt. Das bedeutet in der Praxis, daß das Flugzeug die Tendenz hat, in die Horizontalfluglage zurückzukehren, wenn es vorher durch Böen oder einen Steuerausschlag in seiner Lage gestört worden war. Ohne Längsstabilität könnte kein Flugzeug von alleine fliegen: Jede leichte kopflastige Störung würde zum Sturzflug führen, und jede auch noch so geringe schwanzlastige zu einem Überziehen. Ein Flugzeug mit neutraler Längsstabilität wäre zwar fliegbar, und sogar mit leichter Längs-Instabilität könnte ein guter Pilot fertig werden. Aber alles außer positiver Längsstabilität ist zumindest unbequem, auf jeden Fall aber gefährlich.

Der Neutralpunkt der meisten Flugzeuge liegt bei etwa 35% bis 40% der Flügeltiefe hinter der Vorderkante. Schwerpunktbereiche von 15% bis 30% sind im allgemeinen zulässig. Das heißt, daß der Schwerpunkt irgendwo zwischen 15% und 30% auf der Linie von der Flügelvorder- zur -hinterkante liegen kann, wobei die Flugeigenschaften zufriedenstellend bleiben. Die vorderste Schwerpunktlage ist nicht durch die Stabilität, sondern durch die Steuerbarkeit begrenzt: Die Stabilität erhöht sich, je weiter vorne der

Schwerpunkt liegt, aber die Fähigkeit des Höhenleitwerks, genügend Auftrieb zum Abfangen bei der Landung zu erzeugen, geht entsprechend zurück. Die Cessna Cardinal, ein in leicht beladenem Zustand vergleichsweise kopflastiges Flugzeug hat ein sehr wirksames Pendelruder, um das Abfangen zu erleichtern. Auf jeden Fall gibt es nur sehr wenige Flugzeuge, die eine vorderste Schwerpunktlage von weniger als 10% erlauben.

Die Treibstofftanks liegen üblicherweise vor dem Schwerpunkt, weil man einerseits auf die Biegeeigenschaften des Flügels Rücksicht nehmen muß und weil andererseits bei Tiefdeckern die Fahrwerkschächte den Raum hinter dem Hauptholm in Anspruch nehmen. Der Treibstoffverbrauch führt deshalb zu einer Schwerpunktwanderung nach hinten, und bei manchen Flugzeugen ist es durchaus möglich, daß man bei akzeptabler Schwerpunktlage startet und während des Fluges das hintere Limit überschreitet. Das kann zu einer äußerst gefährlichen Situation führen, vor allem wenn eine Überladung der Maschine im hinteren Kabinenbereich dazukommt. Aus diesem Grund wird sowohl in den Handbüchern als auch von Fluglehrern immer wieder darauf hingewiesen, daß man den Schwerpunkt sowohl für den Start als auch für die Landung berechnen soll, zumindest bei jedem Flug, auf dem sich die Ladung in Grenzbereichen bewegt. Ähnlich wie bei Überlastfällen tendieren die Piloten auch in bezug auf die Schwerpunktlage zur Nachlässigkeit (es soll sogar Leute geben, die bei jeder Gelegenheit lauthals verkünden, sie hätten sich nie um eine Gewichts- und Schwerpunktrechnung gekümmert, seit sie ihren Flugschein gemacht haben). Und diese Piloten glauben tatsächlich daran, daß eine kleine Abweichung von der zulässigen Schwerpunktlage kein Grund zur Besorgnis sei. Durch Vorsicht allerdings ist noch niemand ums Leben gekommen.

14. Wie man am besten vom Boden wegkommt

Die Startstrecke wird von einer ganzen Reihe von Faktoren beeinflußt: Nicht so viele als daß man sie nicht relativ einfach berechnen könnte, aber zuviele, um sie alle im Kopf zu behalten. Es gibt viele Karten und Computer, die bei der Berechnung hilfreich sein können. Aber man muß sie auch wirklich benutzen: Viele Piloten kaufen sich zwar solche nützlichen Geräte, halten es aber oft für zu mühsam, sie aus ihrem Gepäck herauszuangeln. Es ist wohl am besten, wenn man sich zunächst ganz grundsätzlich klarmacht, wie die Höhe und Temperatur den Start und Steigflug beeinflussen – und es bleibt dann jedem einzelnen überlassen, sich vorzustellen, wie die Bäume am Ende der Piste sein Flugzeug in Mitleidenschaft ziehen können.

Ohne die Luft geht nichts beim Fliegen. Es gibt mehr als eine Sorte davon, aber für die normale Praxis gilt, daß die Luft in der unteren Atmosphäre mehr oder weniger eine gleichförmige chemische Zusammensetzung hat. Ihre Dichte jedoch verändert sich von Ort zu Ort mit der Höhe. Der Begriff der Dichte bedeutet die Masse an Luft pro Volumen, also beispielsweise pro Kubikmeter. Mit anderen Worten, die Dichte ist die Anzahl von Luftmolekülen in einem gegebenen Volumen. Die Dichte hängt vom Druck und von der Temperatur ab. Es ist nicht leicht auf den ersten Blick zu erkennen, wie Dichte, Druck und Temperatur in der Atmosphäre sich gegenseitig beeinflussen, doch es genügt zu wissen, daß steigender Druck die Dichte erhöht (die Moleküle werden enger zusammengedrückt, so daß mehr in einem Kubikmeter Platz finden). Auch abnehmende Temperatur erhöht die Dichte, denn dabei verlangsamen sich die Bewegungen der Moleküle, und wieder passen bei gegebenem Druck mehr in einen Kubikmeter hinein (so wie man vermutlich mehr tote Mücken in eine Flasche bringt als lebendige). Manche Piloten lassen sich vom komplizierten Wort »Dichtehö-

76

he« verwirren. Aber dieser Begriff faßt einfach die Temperatur und den Druck zusammen, bezogen auf die Standard-Atmosphäre. Diese wiederum ist ein idealisiertes Profil der Erdatmosphäre. Sie beginnt mit dem bekannten »Standardtag« in Seehöhe, der 15°C und einem barometrischen Druck von 1013 mb definiert ist, und reicht bis in Höhen hinauf, wo auf eine Tasse nur noch ein Molekül kommt und die Temperatur überhaupt nicht mehr existiert. Die Standard-Atmosphäre ist also eine Liste aller möglichen Luftdichten, die auf der Erde auftreten, und man kann damit die Dichte einfach als Höhe ausdrücken, anstelle als Druck. Man muß dabei beachten, daß wenn Standarddruck herrscht, die Temperatur jedoch höher als der Standard ist, auch die Dichtehöhe über dem Standard liegt. Wenn die Temperatur dagegen dem Standardwert entspricht, der Druck jedoch darüber liegt, dann ist die Dichtehöhe geringer als der Standard.

Der Druck kann auch ohne Bezug zur Temperatur gemessen werden, daher gibt es den Begriff »Druckhöhe«. Sie ist insofern ähnlich wie die Dichtehöhe, als sie den aktuellen Druck anhand des Druckprofils der Standard-Atmosphäre angibt. Wenn in Meereshöhe der barometrische Druck 1046 mb beträgt, liegt die Druckhöhe unter NN. Um die Druckhöhe in NN zu erhalten, müßte der barometrische Druck bei 1013 mb liegen. Die Druckhöhe bekommt man, indem man den Höhenmesser auf 1013 mb einstellt. Die auf dem Instrument angezeigte Höhe ist dann die wahre Höhe, wenn die im Fenster des Höhenmessers erscheinende Zahl dem lokalen barometrischen Druck entspricht, den man beispielsweise vom Tower bekommt.

Das führt zu den grundlegenden Bedingungen des Problems der Startleistung. Sie hängt ab vom Propellerschub, dem Gewicht, dem Rollwiderstand, dem Wind und dem Startbahnen-Gradienten. Nehmen wir an, es herrsche Windstille, das Flugzeug habe sein höchstzulässiges Startgewicht, die Piste sei völlig eben und asphaltiert. Um bei einem gegebenen Gewicht starten zu können, muß sich das Flugzeug mit einer bestimmten angezeigten Geschwindigkeit bewegen – etwa mit dem 1,1fachen der Überziehgeschwindigkeit ohne Klappen. Es muß sich übrigens deshalb um die angezeigte Geschwindigkeit handeln, weil sie auch der Flügel so »fühlt«. Was es mit der wahren Geschwindigkeit auf sich hat, behandeln wir später. Wenn die Dichtehöhe der Meereshöhe entspricht, braucht das Flugzeug eine vom Hersteller garantierte Startstrecke von 460 m über ein 15 m Hindernis. Sache des Piloten ist es aber auszurechnen, wie lange die Startstrecke wird, wenn die Dichtehöhe nicht genau der Meereshöhe entspricht – und das ist fast immer der Fall. Meistens braucht man sich nicht darum zu kümmern: Die Piste ist reichlich lang, Höhen und Temperaturen sind mäßig. Aber gelegentlich kommt jeder einmal in eine Grenzsituation, wenn auf einem kurzen, hochgelegenen Platz hohe Temperaturen herrschen. Der Begriff »hot and high« bedeutet, daß die Druckhöhe und die Temperatur, und damit auch die Dichtehöhe beträchtlich über dem Standard liegen. Es sind dann weniger Moleküle in jedem Kubikmeter Luft als einem lieb sein kann.

Dieser »Luftmangel« beeinträchtigt ein Flugzeug auf dreierlei Weise. Erstens verhindert er die volle Leistungsentfaltung des Motors. Da ein Motor seine Energie aus der Verbrennung von Treibstoff und Luft in einem festen Verhältnis holt und seine Luftansaugfähigkeit vom umgebenden Luftdruck, der Drehzahl und der Einlaufkonfiguration abhängt, folgt daraus, daß je weniger dicht die Umgebungsluft ist, desto weniger Treibstoff verbrannt werden kann und umso weniger Leistung gibt das Triebwerk ab. In einer Dichtehöhe von 2200 m beispielsweise produziert ein normaler Vergasermotor nur noch 75 % seiner Leistung in Meereshöhe.

Zweitens betrifft der »Luftmangel« auch den Propeller. Da die Motordrehzahl nach oben limitiert ist, kann die Geschwindigkeit des Propellers gegenüber der Luft einen vorbestimmten Wert beim Start nicht überschreiten. In einer Luft, die weniger dicht ist als in Meereshöhe, arbeitet der Propeller also gewissermaßen bei reduzierter angezeigter Geschwindigkeit. Wenn man an den Propellerspitzen ein Staurohr installiert, würde es geringer anzeigen als in Meereshöhe. Da der Schub proportional zum Quadrat der Geschwindigkeit ist, beeinträchtigt der Verlust an effektiver Geschwindigkeit – genauer gesagt, an dynamischem Druck an den Blättern – sehr deutlich den Nutzeffekt der ohnehin schon reduzierten Motorleistung. Genau diese Kombination von Leistungsverlust des Motors in zunehmender Höhe und Betriebsgrenzen der Blattgeschwindigkeit führt ja auch dazu, daß Hubschrauber in ihrer Leistung so sehr von der Dichtehöhe abhängen.

78

Zum dritten werden die Flügel genauso von der großen Dichtehöhe betroffen wie der Propeller, indem die effektive Vorwärtsgeschwindigkeit reduziert wird. Wenn der Fahrtmesser in einer der Meereshöhe entsprechenden Dichtehöhe 110 km/h anzeigt, dann bewegt man sich auch mit 110 km/h (eventuelle einbaubedingte Fehler des Pitotsystems einmal außer acht gelassen). In einer Dichtehöhe von 1500 m dagegen ist man bei derselben Anzeige zwar 120 km/h schnell, aber der Flügel »fühlt« nur 110 km/h. Das heißt, wenn man beim Start angezeigte 110 km/h zum Abheben braucht, dann muß man das Flugzeug auf 120 km/h Geschwindigkeit über Grund beschleunigen.

Alle diese Effekte verstärken sich gegenseitig. Um bei großer Dichtehöhe zu starten, muß man die Masse des Flugzeugs auf höhere Geschwindigkeit beschleunigen als sonst, hat aber dafür weniger Motorleistung zur Verfügung. Der Start erfordert deshalb mehr Zeit, und die Rollstrecke wird entsprechend länger. Wenn dann noch andere negative Effekte dazukommen wie Übergewicht (Zusatzgewicht bedeutet höhere Abhebegeschwindigkeit und geringere Beschleunigung), höhere Rollreibung (hohes Gras oder weicher Untergrund haben einen 10 bis 15fachen Rollwiderstand als befestigte Pisten) und vielleicht auch noch ein Startbahn-Gradient (in bergigem Gelände sind Pisten oft geneigt, und manchmal ist man wegen der Lage des Platzes gezwungen, ohne Rücksicht auf Startbahnneigung oder Wind in einer bestimmten Richtung zu starten), dann hat man die »besten« Voraussetzungen für eine Katastrophe.

Kehren wir zu unserem Beispiel-Flugzeug mit seiner »Katalog«-Startstrecke von 460 m zurück: Wenn es einen Festpropeller hat, braucht es bei einer Platzhöhe von 600 m und einer Lufttemperatur von 27°C eine Startstrecke von 730 m bis 15 m Hindernishöhe. Bei 1200 m Platzhöhe und derselben Temperatur sind es schon 900 m. Und in einem Extremfall von 1800 m Platzhöhe und 38°C würde die Startstrecke auf nicht weniger als 1400 m ansteigen. Mit einem Constant-speed-Propeller ist die Situation nicht ganz so gravierend: In den drei obigen Beispielen würden die Startstrecken jeweils 640 m, 820 m und 1150 m betragen.

Ein Start gegen den Wind verkürzt zwar die Startstrecke, verbessert aber keineswegs die Steigrate, sondern lediglich den Steigwinkel. Und ein Start bergauf auf einer geneigten Piste erhöht die Rollstrecke ganz erheblich. Man darf auch nicht vergessen, daß die vom Hersteller genannten Startstrecken die Bestleistung eines Flugzeugs in den Händen eines Durchschnittspiloten bedeuten, ein Vorbehalt, den die Industrie natürlich nicht gerade zu ihren Ungunsten auslegt. Vorausgesetzt werden dabei auch ein sauberes, technisch perfektes neues Flugzeug mit ebenfalls neuem Triebwerk. Die Leistung eines Kolbenmotors fällt fast immer mit dessen zunehmendem Alter ab. Nicht zu vergessen, daß eine schlechte Steigrate selbst dann fatal ist, wenn man gerade noch gut vom Boden weggekommen ist. Kann man unter NN-Verhältnissen vielleicht noch über den Daumen abschätzen, ob man ein Starthindernis nehmen kann, so versagt diese Methode bei großer Dichtehöhe völlig.

Noch eine letzte Komplikation ist zu bedenken: Da man bei großen Dichtehöhen eine höhere Geschwindigkeit über Grund zum Starten braucht, wird auch der Bremsweg länger, wenn man sich zu einem Startabbruch entscheiden muß. Die meisten der bisher gemachten Ausführungen beziehen sich auf einmotorige Flugzeuge, denn einige Zweimots zeigen selbst bei ziemlich mäßigen Dichtehöhen gravierende Verluste der Einmotorenleistung, aber das Startabbruch-Problem betrifft ein- und zweimotorige Maschinen gleichermaßen. Bei großen Dichtehöhen sollte man immer daran denken, daß der Verlust der halben Motorleistung gleichbedeutend mit totalem Leistungsverlust ist. Wenn bei den Startberechnungen irgendwelche Zweifel auftauchen, gibt es nur eins: am Boden bleiben. Denn das Glück ist ein unzuverlässiger Geselle.

15. Einige Tricks für die Starttechnik

Wenn man für jedes Wort, das über das Landen von Flugzeugen geschrieben wurde, einen Groschen bekäme, könnte man sich sicher ein ganzes Flugzeug dafür kaufen. Über das Starten sind jedoch höchstens so viele Worte verschwendet worden, daß es zu einem guten Funkgerät reichen würde. Wie oft hört man Piloten von perfekten Landungen schwärmen, aber selten wird davon gesprochen, daß einer mit der Grazie eines Adlers gestartet sei. Möglicherweise hängt dieses Desinteresse damit zusammen, daß man das Gefühl hat, beim Start gehe fast alles wie von selbst. Diese Selbstgefälligkeit hat wahrscheinlich dazu geführt, daß in der General Aviation fast ebenso viele schwere Unfälle in der Start- und Steigphase passieren wie bei Anflug und Landung. Eigentlich dürften als Unfallursachen beim Start nur technische Probleme eine Rolle spielen, aber sie haben erstaunlicherweise nur einen Anteil von 9 Prozent. Das Rollen bis zum Abheben ist ein einfaches Manöver, und die Tatsache, daß dabei nur 20% der Startunfälle geschehen, zeigt immerhin, daß diese Phase ganz gut beherrscht wird. Die meisten dieser Zwischenfälle haben ihre Ursache im Ausbrechen bei starkem Seitenwind, obwohl einige Piloten sogar bei völlig ruhigem Wetter die Richtungskontrolle verlieren. Der vielleicht wichtigste Tip für die Starttechnik ist, gelassen mit den Seitenruderpedalen umzugehen. Wenn das Flugzeug beschleunigt, verkrampfen sich manche Piloten und drücken gleichzeitig auf beide Pedale, was eine unnötige Reibung im Steuersystem erzeugt. Das wiederum kann zu abrupten Überreaktionen führen und eventuell sogar zu einem Verlust der Kontrolle über das Flugzeug. Solche Unfälle ereignen sich sehr häufig im Winter und im angehenden Frühjahr, wenn man mit starkem Seitenwind rechnen muß. Beiderseits der Piste aufgetürmte Schneeberge dämpfen glücklicherweise solche »Seitensprünge«.

Das übliche Verfahren für gute Seitenwindstarts sieht so aus: Sauberes Ausrichten der Maschine auf der Mittellinie, Gas geben, gefühlvoll mit den Pedalen steuern und Querruder in den Wind geben, um die Flügel horizontal zu halten. Man sollte das Flugzeug bis über die normale Startgeschwindigkeit beschleunigen lassen, um ein sauberes Abheben zu erreichen, ohne daß die Maschine nochmal auf die Piste zurückfällt.

Ein weitverbreiteter Fehler, der zum Verlust der Richtungskontrolle beim Querwindstart führen kann, besteht darin, alle Räder des Fahrwerks über die normale Rotationsgeschwindigkeit hinaus auf der Piste zu halten, indem das Höhensteuer nach vorne gedrückt wird. Dieses Verfahren kann aber die Gewichtsverteilung auf die Räder sehr ungünstig beeinflussen: Denn das Höhenleitwerk tendiert dann dazu, das Heck hochzuheben, so daß das Gewicht auf den Haupträdern reduziert und auf das Bugrad verlagert wird. Und das kann zu den gleichen »Schubkarren-Effekten« führen wie bei der Landung, wenn der Pilot versucht, das Bugrad mit dem Höhenruder auf die Piste zu drücken. Man kann aber ein Flugzeug, dessen Gewicht auf das Bugrad konzentriert ist, kaum noch steuern. Jeder Pilot sollte sich also mit der Geometrie des Fahrwerks seiner Maschine und der Gewichtsverteilung auf die Räder vertraut machen.

Mit einer Heckradmaschine geht das alles etwas einfacher: Der Pilot kann schon beim Anrollen das Heck vom Boden heben und das Gewicht auf die Haupträder verlagern, bis zur Abhebegeschwindigkeit beschleunigen und wegsteigen. In den meisten Bugradmaschinen kann ein Pilot dagegen nichts unternehmen, um mehr Gewicht auf das Hauptfahrwerk zu verlagern – er kann nur versuchen, es nicht zu entlasten. Ein Bugradfahrwerk, das neutral oder etwas negativ angestellt ist, bewährt sich bei Querwindstarts am besten: Man kann damit auf hohe Rollgeschwindigkeiten kommen, wobei die Haupträder sehr lange gut belastet sind. Wenn ein Flugzeug jedoch schon im Stand einen hohen Anstellwinkel hat, ist es bei Seitenwind äußerst schwierig zu handhaben: Die Haupträder werden bei zunehmender Geschwindigkeit deutlich entlastet, und wenn man versucht, es betont am Boden zu halten, wird das Problem sogar noch verschärft.

Folgende Methode für Starts im Querwind ist zwar nicht sehr üblich, aber sehr wirkungsvoll, wenn die Piste genügend breit ist: Man kann dann durch einen leicht gekrümmten Rollweg die Fliehkraft des Flugzeugs gegen den Wind ausspielen. Man stellt sich dabei an der Leeseite der Piste auf und dreht die Nase etwa 15 bis 20 Grad weg von der Startbahnrichtung in den Wind. Wenn das Flugzeug beschleunigt, beginnt man die Nase allmählich auf den Startbahnkurs auszurichten, so daß der Rollweg einen Bogen vom Startpunkt zur Luvseite der Piste beschreibt. Wenn man dann die Abhebegeschwindigkeit noch nicht erreicht hat, setzt man diesen Bogen fort. Man kann die Kurve aber auch in dem Moment beenden, wenn man genau auf dem Startbahnkurs liegt, und dann mit der normalen Seitenwindmethode weiterstarten. Den Kurvenstart sollte man allerdings zuerst mit einem Fluglehrer versuchen, der damit vertraut ist. Er funktioniert nur dann gut, wenn er einwandfrei praktiziert wird, und dazu gehört ein ausreichendes Verständnis für die Leistung des Flugzeugs. Wenn man nicht weiß, wie lange ein Flugzeug bis zum Abheben am Boden rollt, könnte die Kurve zu scharf ausfallen, und man landet im Graben.

Das Abheben zum richtigen Zeitpunkt ist ein wichtiger Teil des Startvorgangs. Denn in der ersten Steigphase passieren die meisten Startunfälle. Es gibt für jeden Start eine optimale Geschwindigkeit, wobei bei einmotorigen Flugzeugen das Gewicht die größte Rolle spielt. Bei Zweimotorigen wird die Abhebegeschwindigkeit meist von der Mindestkontrollgeschwindigkeit im Einmotorenflug diktiert, unabhängig vom Gewicht. Ein guter Richtwert für Einmotorige ist es, beim Abheben etwa 10 % schneller zu sein als die für das entsprechende Gewicht geltende Überziehgeschwindigkeit (= 1,1 v). Bei Triebwerkausfall wird dadurch eine gewisse Sicherheitsspanne erreicht. Manche übereifrige Piloten starten bei geringerer Geschwindigkeit, um ihr Können zu demonstrieren, aber es ist in der Tat eine risikoreiche Methode.

Die Überziehgeschwindigkeiten für das volle Startgewicht sind in den Flughandbüchern zu finden. Die Cessna 172 überzieht beispielsweise bei 92 km/h, wenn man für den Start 10 % hinzurechnet, kommt man auf 101 km/h. Wenn man nur mit zwei Personen und halbvollen Tanks fliegt, das heißt etwa 20 % unter dem höchstzulässigen Startgewicht, dann liegt die Überziehgeschwindigkeit rund 10 % niedriger: Sie beträgt etwa 82 km/h, so daß man schon bei 90 km/h sicher abheben kann. Wenn der Platz kurz oder weich ist, oder wenn das Gras hoch ist, sollte man dies berücksichtigen und die Vorteile eines frühzeitigen Abhebens nutzen. Niemand wird normalerweise sein Flugzeug überladen, aber wenn es einmal der Fall sein sollte, darf dabei nicht vergessen werden, daß die Überziehgeschwindigkeit ansteigt und deshalb auch die Abhebegeschwindigkeit erhöht werden muß (etwa um den halben Prozentsatz der Überladung). Der Versuch, zu früh abzuheben, ist eine sehr gefährliche Anlegenheit. Manche Piloten lassen sich dazu verführen, wenn der Platz kurz ist – die näherrückenden Bäume am Ende der Piste führen dazu, daß man instinktiv am Steuer zu ziehen beginnt: Aber ein verfrühtes Abheben verlängert im Gegenteil die Rollstrecke und verschlechtert den anschließenden Steigflug. Auf einer befestigten Piste beschleunigt ein Flugzeug besser, wenn es in horizontaler Lage rollt als wenn die Nase hochgehoben wird, denn in letzterem Fall ist der aerodynamische Widerstand größer. Wenn es ein Pilot tatsächlich schaffen sollte, die Maschine bei geringer Geschwindigkeit abzuheben, dann fliegt sie mit großem Anstellwinkel und der Widerstand ist entsprechend hoch. Sie wird kaum weitersteigen ohne weitere Beschleunigung, und das kostet Zeit und Strecke. Bei einem vorbildlichen Start sollte das Flugzeug kurz nach dem Abheben schon die richtige Lage für den Steigflug haben. Wenn die Nase gedrückt werden muß, um die Steiglage einzunehmen, hat man zu früh abgehoben.

Auf höhere Geschwindigkeit zu beschleunigen als nötig ist zwar überflüssig, aber nicht so gefährlich wie ein zu frühes Abheben. Die meisten Piloten machen es so, wenn die Piste lang genug ist. Man verliert dabei nichts, abgesehen von geringfügigem Mehrverschleiß an den Reifen. Wenn der Platz weich ist, kommt es darauf an, während des Rollens die Räder möglichst bald zu entlasten und abzuheben. Den höheren Luftwiderstand muß man zwar in Kauf nehmen, er ist meist nicht so nachteilig als der Widerstand der Räder beim Rollen durch Sand oder hohes Gras. Es gibt nichts Unangenehmeres als Starts auf kurzen und weichen Plätzen. Man kann nur entweder das eine oder andere, aber nicht beides verkraften. Aber leider sind viele kurze Plätze auch meistens weich.

Die ersten 10 bis 20 Grad Klappenausschlag erhöhen im wesentlichen den Auftrieb, nicht so sehr den Widerstand, so daß die Überziehgeschwindigkeit ohne große Widerstandseinbußen geringer wird. Um aus einem kleinen Platz herauszukommen, sollte man am besten die Klappenstellung mit dem maximalen Auftrieb wählen. Man kann dies im Handbuch nachlesen und sollte sich an diese Instruktion auch halten. Es gibt Flugzeuge, die am besten ohne Klappen starten: Man sollte sich bei diesen Typen nicht dazu verleiten lassen, die Klappen zu benutzen, nur weil man es von anderen Maschinen so gewohnt ist.

Nach dem Abheben sollte man die Geschwindigkeit für den besten Steigwinkel wählen (= V_x), das ist diejenige Geschwindigkeit, bei der das Flugzeug den größten Höhengewinn bezogen auf die zurückgelegte Strecke erzielt. Auch diese Geschwindigkeit sollte im Handbuch zu finden sein. Wenn sie darin nicht genau definiert sein sollte, muß man die Startstrecken – Grafik zu Rate ziehen: Die dort angegebene Steiggeschwindigkeit ist auch diejenige für den besten Steigwinkel. Wenn nicht anders angegeben, bezieht sich die veröffentlichte Steiggeschwindigkeit auf das maximale Startgewicht: Liegt man im Gewicht niedriger, kann man die Steiggeschwindigkeit entsprechend reduzieren, um schneller an Höhe zu gewinnen. Man kann die gleiche Daumenregel anwenden wie bei der durch geringeres Gewicht reduzierten Überziehgeschwindigkeit: Die optimale Geschwindigkeit für bestes Steigen kann um den halben Prozentsatz verringert werden, um den das Gewicht unter dem maximal zulässigen Wert liegt. Wenn die Geschwindigkeit 145 km/h betragen würde, das Flugzeug jedoch 10 % leichter ist als das zulässige Startgewicht, steigt man also am besten mit 138 km/h.

Die Geschwindigkeit für den besten Steigwinkel wird dann wichtig, wenn man nach dem Start mit Hindernissen zu rechnen hat. Wenn man drüber kommen will, dann geht es eben am besten mit dieser Geschwindigkeit. Und wenn es mit dieser Geschwindigkeit nicht geht, dann geht es überhaupt nicht. Langsamer zu fliegen ist besonders gefährlich, da die Geschwindigkeit für den besten Steigwinkel bei manchen Flugzeugen nicht sehr viel über der Überziehgeschwindigkeit liegt.

Ein Pilot muß auf die Fluglage achten, um den besten Steigwinkel zu erzielen. Die Fahrtanzeige gibt an, ob die Lage korrekt ist, und was zu tun ist, wenn dies nicht der Fall ist. Ganz besonders muß man sich vor ungünstigen Fluglagen bei Starts gegen ansteigendes

Gelände oder Gebirge hüten. Der Horizont kann unter der höchsten Erhebung oder am Fuß eines Berges liegen, und das ist für Flachländer ganz besonders verwirrend. Bei einem Start unter solchen Bedingungen bietet ein künstlicher Horizont die zuverlässigste Fluglageanzeige, aber man sollte auch den Fahrtmesser beobachten, um sicherzugehen, daß die korrekte Fluglage eingehalten wird.

Die nächste Geschwindigkeit, an die man denken sollte, ist diejenige für die beste Steigrate (= V_Y). Sobald die Hindernisse überwunden sind, ist diese Geschwindigkeit wichtig, um möglichst schnell Höhe zu gewinnen. Auch sie kann bei geringeren Gewichten nach der schon erwähnten Daumenregel reduziert werden.

Der Start in einer Zweimotorigen unterscheidet sich etwas von dem mit einmotorigen Maschinen, wenn auch die Grundregeln dieselben bleiben. Zusätzlich muß man an die Mindestkontrollgeschwindigkeit (= V_{mc}) denken. Sie ist die geringste Geschwindigkeit, bei der das Flugzeug noch gesteuert werden kann, wenn ein Motor stillsteht, der andere mit Vollgas läuft. Das bedeutet nicht notwendigerweise, daß die Maschine bei dieser Geschwindigkeit noch Höhe halten oder gar steigen kann. Sie sollte eigentlich wie die Überziehgeschwindigkeit in einer Einmot betrachtet werden – als Referenz. Am besten plant man das Abheben bei einer Geschwindigkeit, die 10 % über V_{mc} liegt oder 10 % über dem Überziehen, falls dieser Wert höher sein sollte.

Der in einer Zweimot wohl wichtigste Wert ist die Geschwindigkeit für den besten Steigwinkel bei Triebwerkausfall. Bis zum Erreichen dieser Geschwindigkeit gibt es kaum eine Chance in der Luft zu bleiben, wenn ein Triebwerk ausfällt. Deshalb sollte ein Pilot beim Start in einer Zweimot alle Aufmerksamkeit auf diese Geschwindigkeit richten. Wenn beim Start ein Triebwerk ausfällt und diese Geschwindigkeit noch nicht erreicht ist, muß der Start abgebrochen werden, ohne Rücksicht auf alle sonstigen Umstände. Ist man etwas schneller, steigen die Chancen. Diese Geschwindigkeit sollte wie in einer Einmot angewendet werden: Halten bis die Hindernisse überwunden sind und dann auf die Geschwindigkeit für die beste Steigrate beschleunigen.

Es wird viel darüber diskutiert, wie man den Anfangssteigflug in einer Zweimot fliegen sollte, wenn beide Motoren laufen. Manche ziehen es vor, mit der Geschwindigkeit für die beste Steigrate hochzuziehen und möglichst schnell Höhe zu gewinnen. Andere wählen etwas Fahrtüberschuß, so daß keine Verzögerung, die mit einem Triebwerkausfall verbunden sein könnte, das Flugzeug unter die Geschwindigkeit für bestes Steigen drückt. Die erstere Methode ist besser und wirksamer als die zweite, eine fehlerfreie Handhabung vorausgesetzt. Aber wenn man an den Durchschnittspiloten denkt, so ist keines der beiden Steigverfahren eindeutig vorzuziehen. Ein Zweimot-Pilot vergibt seine Investition in zwei Triebwerke, wenn er nicht jeden Start sorgfältig überlegt und alle Faktoren abwägt. Aber verhängnisvollerweise werden viele Zweimot-Starts unter Situationen gemacht, in denen das Flugzeug keinerlei Chance hätte, wenn im Anfangssteigflug ein Motor stehenbleiben würde. Es gibt eine Methode, mit der man die meisten Startprobleme, sei es mit ein- oder zweitmotorigen Flugzeugen – vermeiden kann. Sie ist unschwer anzuwenden, führt zu sicheren Starts und bietet im Falle von Zweimots die Möglichkeit, das Maximum aus den beiden Triebwerken herauszuholen. Man braucht dazu nur aus der Praxis der Airlines zu lernen: Wie selten hört man, daß es dort Startprobleme gäbe, und das ganze Geheimnis liegt darin, daß sie jeden einzelnen Start peinlich genau planen.

Der Einfluß des Gewichts, des Windes und der Temperatur auf die Leistungsfähigkeit des Flugzeugs wird exakt berechnet, und wenn ein Start mit ganz bestimmten Sicherheitsmargen zu kritisch erscheint, bleibt die Maschine am Boden. Ein Pilot der General Aviation braucht nur das planvolle Vorgehen der Airline-Piloten zu übernehmen, um deren hohen Sicherheitsstandard bei Starts zu erreichen.

Der erste Teil der Startplanung berücksichtigt die Tatsache, daß warme Luft weniger dicht ist als kalte. Aber man kann die daraus resultierenden Leistungsverluste gut berechnen mit Hilfe der Dichtehöhe. Die Leistungsfähigkeit eines Flugzeugs wird bezogen auf die Dichtehöhe, nicht auf die vom Höhenmesser angezeigte Höhe, und darauf muß man Rücksicht nehmen, wenn man keine bösen Überraschungen erleben will. Denn während des Sommers fliegen viele Piloten nicht selten auf hochgelegene Plätze, beispielsweise in den Schweizer Alpen. Wie sieht die maximale Steigleistung eines Flugzeugs aus, wenn der Platz 2400 m hoch liegt und die Außentemperatur bei 27 °C? Eine Cherokee Six mit 300 PS steigt dann nur noch mit 3 m/s, das ist nur wenig mehr als die Hälfte dessen, was diese Maschine in Meereshöhe bei Standardtemperatur leistet. Etwaige Turbulenz kann das Steigen weiter beeinträchtigen, ganz abgesehen von Abwinden, die unter Umständen einen Höhengewinn ganz unmöglich machen. Nicht zu vergessen, daß ein älterer Motor auch etwas an Leistung verliert.

Die Angaben über Startstrecken im Handbuch gehen meist bis zu einer Dichtehöhe von 7000 ft., was darüber hinausgeht, muß man also selbst ausrechnen. Das Ergebnis könnte ernüchternd sein und dazu zwingen, entweder auf kühleres Wetter zu warten oder die Maschine so weit wie möglich zu entladen. Was sollte man in solchen Fällen sehr großer Dichtehöhe in einer zweitmotorigen Maschine unternehmen? Es gibt Flugplätze, auf denen an heißen Tagen die Dichtehöhe über der einmotorigen Gipfelhöhe der meisten Zweimots liegt. Und die Gewichtsverhältnisse der Maschine sind so, daß man entweder die Treibstoff- oder die Kabinenzuladung reduzieren müßte. Die Antwort ist einfach: Entweder man bleibt am Boden oder man fliegt seine Zweimot so wie eine Einmotorige – wenn ein Triebwerk stehen bleibt, stoppt man auch das andere und versucht eine Notlandung. Selbst bei tiefergelegenen Flughäfen kann es in heißen Sommern Dichtehöhen-Probleme geben. Hohe Luftfeuchtigkeit reduziert darüberhinaus die Motorleistung. Der erste Teil der Startplanung schließt also die Berücksichtigung der Temperatur ein, um sicherzugehen, daß die zur Verfügung stehende Pistenlänge für den Start ausreicht, und daß die Steigleistung genügt, um alle Hindernisse zu überwinden.

Der zweite Teil der Startplanung umfaßt die Vorflugkontrolle und den Probelauf des Motors. Für jeden Start sollte eine detaillierte Checkliste benützt werden. Es sollte kein Wasser im Treibstoffsystem vorhanden sein, die Tanks müssen vorschriftsmäßig geschaltet sein, und die Zusatzpumpe ist bei Bedarf zuzuschalten. Die Steuerorgane müssen freigängig und sinnrichtig sein: Es ist schon vorgekommen, daß bei Reparaturarbeiten die Steuerseile falsch angeschlossen wurden!

Drittens sollte man genau überdenken, wie der Start abzulaufen hat. Wenn beispielsweise die Abhebegeschwindigkeit 105 km/h und die Geschwindigkeit für den besten Steigwinkel 140 km/h beträgt, sollte man sich dann auch genau danach richten.

Die letzte Überlegung kommt zum Tragen, sobald die Maschine zu rollen beginnt: Wie läuft der eventuelle Startabbruch ab. Jedes unnormale Geräusche oder jede zweifelhafte Anzeige sollte genügen, um das Gas herauszunehmen und anzuhalten, bevor es zu spät ist. Geräusche können viel verraten. Eine ungenügend geschlossene Tür beginnt sich meistens schon in der ersten Startphase bemerkbar zu machen, dann sollte man auf jeden Fall anhalten und die Tür sorgfältig schließen. In Flugzeugen mit Einziehfahrwerk gibt es ein Phänomen, das man beachten sollte: Schon mehr als ein Pilot ist gestartet, hat das Fahrwerk eingefahren, merkte dann, daß die Tür nicht fest geschlossen war, und entschloß sich dazu, auf der Reststrecke der Piste sofort wieder zu landen – ohne das Fahrwerk wieder auszufahren!

Besonders zu achten ist auch auf schlechte Beschleunigung. Wenn es sich um einen kurzen Platz handelt und den Startrechnungen eine befestigte Piste zugrundegelegt wurde, muß schon das geringste Anzeigen mangelnder Beschleunigung auf weichem Untergrund zum Startabbruch mahnen. Manche Piloten nehmen beim Start die Zeit, um sicherzugehen, daß sich die Geschwindigkeit wie geplant aufbaut. Um die Startroll-Zeit zu ermitteln, legt man die wahre Abhebegeschwindigkeit zugrunde. Dann nimmt man davon die Hälfte und rechnet diesen Wert um in m/s als die durchschnittliche Rollgeschwindigkeit während des Starts. Dividiert man die errechnete Startrollstrecke durch diesen Wert, dann bekommt man die Anzahl an Sekunden, die man bis zum Abheben verbrauchen darf. Das mag etwas ungenau klingen, aber annäherungsweise genügt diese Rechnung völlig. Man kann entlang der Piste auch einen markanten Punkt ins Auge fassen: Wenn dort die Abhebegeschwindigkeit nicht erreicht ist, sollte man den Start abbrechen. Eine solche Planung für einen guten, sicheren Start erfordert natürlich immer einige Minuten Zeit. Die Karte mit den Startstrecken auszuwerten ist sehr einfach, auch die entsprechenden Geschwindigkeiten findet man im Handbuch. Und es gehört nicht viel dazu, um mit den korrekten Geschwindigkeiten abzuheben und zu steigen. Man kann damit Probleme vermeiden, die nur dann entstehen, wenn ein Pilot versucht, aus einem Flugzeug Unmögliches herauszuholen.

16. Tips für die Gemischregelung

Man möchte es nicht glauben, aber der kleine Hebel für die Gemischregelung, von dem in der Schulung meist nur sehr kurz die Rede ist, gehört zu den zwei oder drei wichtigsten Motorbedienanlagen im Flugzeug – neben dem Gashebel und dem Zündschalter. Er sieht ziemlich unbedeutend aus, aber der Gemischhebel ist bei sachgerechter Bedienung der Schlüssel für günstigeren Verbrauch und lange Laufzeiten zwischen den Überholungen, aber wer nicht richtig damit umgeht, kann ernsthafte Probleme verschiedener Art erleben. Das Wort »Gemisch« bezieht sich auf die Kombination von Luft und zerstäubtem Kraftstoff, die im Motor verbrannt wird. Es gibt eine »chemisch korrekte« Mischung – 15,2 Gramm Luft pro Gramm Benzin – weil beide Anteile vollständig verbraucht werden, wobei »reine« Verbrennungsprodukte (Kohlendioxid und Wasser) übrigbleiben. Alle Gemischverhältnisse von 9 : 1 (reich) und 20 : 1 (arm) sind jedoch entzündbar und produzieren, zusätzlich zu den Verbrennungsprodukten einer idealen Mischung, verschiedene »Dissoziationsprodukte«, wofür Kohlenmonoxid ein bekanntes Beispiel ist.

Ein »reines« Gemisch enthält einen Überschuß an Kraftstoff, ein »armes« hat zuviel Luftanteil. Solche nicht idealen Gemische können aus bestimmten Gründen gewählt werden – zur Kühlung beispielsweise, oder für maximale Leistungsausbeute. Gemische, die reicher sind als der Ideal-Wert werden meistens benutzt, arme dagegen möglichst vermieden, obwohl Lycoming den Betrieb auf der armen Seite des »peaks« erlaubt. Der Begriff »peak« (Spitze) bezieht sich auf die »peak exhaust gas temperature« (peak EGT), die mit dem chemisch korrekten Gemisch erzielt wird. Da diese peak-Temperatur das korrekte Gemisch signalisiert, werden reiche und arme Gemische aus Einfachheitsgründen in Grad Fahrenheit unter dem peak auf der reichen oder armen Seite angegeben. Wenn Continental also empfiehlt, im Reiseflug bei »25° auf der reichen Seite der peak EGT« zu fliegen, dann ist damit gemeint, daß man ein Gemisch einhalten soll, das genügend Überschuß-Kraftstoff enthält, um die Abgastemperatur um 25 °F zu senken.

Zusätzlich zur Gemischbedienung im Cockpit ist auch der Motor selbst mit einigen Systemen ausgerüstet, die das Gemisch automatisch variieren. Vergaser und Einspritzsysteme sind so gebaut, daß sie das Gemisch im Leerlauf und bei Vollgas anreichern, im Normalbetrieb jedoch abmagern. Die Anreicherung bei Leerlauf ist notwendig, um den schädlichen Effekten von noch nicht ganz ausgestoßenen Abgasen des letzten Arbeitstaktes im Zylinder entgegenzuwirken. Ein reiches Gemisch bei Vollgas andererseits soll den Motor kühlen und ihn vor der Klopf-Gefahr schützen, das wird durch ein automatisches Ventil erreicht. Diese automatischen Regelsysteme des Triebwerks reichen allerdings nur aus, um das Gemisch über den Leistungsbereich zu regeln, sie berücksichtigen dagegen nicht die verschiedenen Dichten der umgebenden Luft (mit Ausnahme der größeren Getriebe-Lycomings, wie sie in den Queen Airs, Twin Bonanzas und in den älteren Aero Commanders verwendet wurden). Hier muß die Gemischregelung durch den Piloten eingreifen: Sie erlaubt es, bei jeder Dichtehöhe die gewünschte EGT einzuhalten, und für spezielle Zwecke kann das Gemisch damit variiert werden. Bei typischen Leichtflugzeugen wird das voll-reiche Gemisch gewählt, um beim Start und im Steigflug ausreichende Kühlung zu erreichen und Klopferscheinungen zu vermeiden. Bei Vollgas ist es wichtig, aus Sicherheitsgründen eine EGT von 200 °F unter dem peak einzuhalten. Bei sehr kaltem Wetter jedoch laufen die Motoren mancher Flugzeuge (beispielsweise die Cessna 180 und 182) trotz voll gedrücktem Gemischhebel außerordentlich mager, und man muß durch Ziehen der Vergaservorwärmung die Dichte der Ansaugluft verringern, um einen sicheren Betrieb des Motors zu erreichen. So kann man die Vorwärmung als eine Art zusätzlicher Gemischregelung ansehen.

Die zulässigen EGT's sind abhängig von der jeweiligen Leistungseinstellung, denn ein Motor wird von bestimmten Kombinationen von Temperatur und Zylinderdruck beansprucht. Je höher der »effektive Mitteldruck« in den Zylindern liegt (d. h. je höher die Leistungseinstellung), desto niedrigere Temperaturen kann das Triebwerk ohne Überbelastung oder Klopfen verkraften. Bei Leicht-flugzeugmotoren ist es üblich, die Leistungsgrenze für mageres Gemisch im Reiseflug auf 75% festzulegen, bei einigen Lycoming-Ladermotoren liegt dieses Limit allerdings bei 65%. Das bedeutet, daß das Triebwerk über 75% mit voll-reichem Gemisch gefahren werden soll, darunter kann es jederzeit und in jeder Höhe abgemagert werden. In der Praxis werden Gashebelstellungen zwischen Vollgas und etwa 80% kaum benutzt, außer wenn der Höhenein-fluß eine Vollgasstellung auf knappe 100% bringt. Eine wichtige, aber wenig beachtete Regel beim Steigflug ist es, daß man das Gas nicht reduzieren sollte, außer es wird vom Motorhersteller so emp-fohlen. Viele Piloten glauben, sie schonen ihr Triebwerk, wenn sie gleich nach dem Start das Vollgas ganz wenig herausnehmen. In Wirklichkeit wird damit die Arbeit des Motors härter, weil das Ge-mischanreicherungs-Ventil nicht mehr anspricht. Damit wird das Gemisch ärmer, und die EGT könnte zu hohe Werte erreichen. Das korrekte Verfahren sieht so aus, daß man entweder so lange Vollgas fliegt, bis eine Höhe erreicht ist, in der man bequem auf 75% reduzieren kann, oder man drosselt sofort nach dem Start auf 75%.

Als Faustregel bringt man den Flugschülern bei, sie brauchten sich unterhalb 1500 m Flughöhe nicht um die Gemischregelung küm-mern. In Wirklichkeit aber kann das Gemisch in jeder Höhe abge-magert werden, vorausgesetzt die Leistung liegt bei 75% oder dar-unter. Der »vorsichtige« Gebrauch der Gemischregelung – wie beispielsweise der Verzicht darauf unter 1500 m – ist in der Tat eher ungünstig sowohl für den Verbrauch als auch für die Zünd-kerzen (sie neigen bei reichem Gemisch zum Verrußen).

Wenn man das Gemisch nach Gehör abmagert, zieht man solange vorsichtig am Hebel, bis der Motor leicht an Drehzahl verliert oder etwas rauh zu laufen beginnt, und dann schiebt man den Hebel wieder solange zurück, bis der Motor wieder rund läuft. In Flug-zeugen mit Festpropeller ist es nicht notwendig, die peak-Dreh-zahl wieder herzustellen, während sich mit einem constant-speed-Propeller die Drehzahl während des Abmagerns kaum verändert. Die peak-Drehzahl ergibt sich beim Gemisch »beste Leistung«, das etwa 100 °F auf der reichen Seite der peak EGT liegt. Der Grund warum ein Gemisch, das reicher ist als das chemisch kor-

rekte, mehr Leistung erbringt, liegt darin, daß die Dissoziationsprodukte den effektiven Mitteldruck so weit erhöhen, daß er über
dem Wert liegt, der bei »reiner« Verbrennung mit 15,2 : 1-Ge-
misch erzielt wird. Doch man muß dafür auch bezahlen: Eine Geschwindigkeitssteigerung von 1% oder 2% kostet etwa 14%
Reichweite. Ein bestimmtes Gemisch stimmt immer nur für eine
bestimmte Kombination von Ladedruck, Drehzahl und Dichtehöhe. Wenn einer dieser Faktoren verändert wird, müßte auch das
Gemisch nachgeregelt werden – obwohl die Veränderung meist so
gering wäre, daß man sie vernachlässigen kann. Aber man sollte
sich nicht abhalten lassen, mit der Gemischregelung zu spielen:
Selbst wenn man zuviel abmagert, bleibt der Motor nicht stehen.
Er dreht im Fahrtwind weiter, selbst wenn man den Gemischhebel
bis zur Motorstop-Stellung herauszieht.
Der rauhe Motorlauf, den man spürt, wenn man auf die magere
Seite des Gemischs verarmt, hat seine Ursache in der ungleichmä-
ßigen Füllung der verschiedenen Zylinder: Derjenige Zylinder mit
der schlechtesten Füllung beginnt natürlich zuerst zu stottern,
wenn man zu sehr abmagert, und genau nach diesem Zylinder sollte man sich bei der Gemischregelung richten. Alle anderen laufen
dann natürlich etwas reicher.
Die Wirkung des Gemischhebels erfolgt nicht linear: Das heißt,
daß beim ersten Zentimeter noch nicht viel passiert, beim nächsten
Viertelzentimeter dagegen schon sehr viel. Es ist also nicht ratsam, mit dem Auge das Gemisch zu regeln. Wenn man keine EGT-
Anzeige hat, sind das Motorgeräusch und die Drehzahl die einzigen zuverlässigen Anhaltspunkte für eine richtige Gemischregelung. Man startet normalerweise mit Vollgas und voll-reichem Gemisch, es sei denn der Platz liegt so hoch, daß man bereits abmagern muß, um bei Vollgas einen sauberen Motorlauf zu erzielen.
Bei einem bestimmten Punkt nimmt man das Gas auf 75% zurück
und verarmt das Gemisch, so daß man auf der reichen Seite der besten Leistung (peak-Drehzahl) bleibt bis man in den Horizontalflug übergeht. Dann setzt man die Reiseleistung und magert entweder das Gemisch bis zur peak EGT ab, oder man geht auf die arme Seite der besten Leistung, oder auf 25 °F auf der reichen Seite
des peak EGT, was immer man bevorzugt.
Wenn man während des Fluges die Vergaser-Vorwärmung be-

93

nutzt, muß man das Gemisch entsprechend nachregeln, denn – wie schon erwähnt – die Vorwärmung reichert das Gemisch an. Ebenso beim Durchfliegen einer Front, wenn man also in wärmere oder kältere Luftmassen eindringt. Besonders aufmerksam sollte man auf das Gemisch achten bei Flügen über Wasser, über bergigem Gelände, bei Nacht oder in jeder anderen Situation, in der man zu Nervosität neigt und besonders scharf auf den Klang des Motors hört: Selbst ein geringfügig rauher Lauf (was bei Kolbenmotoren ganz natürlich ist), verleitet die meisten Piloten dazu, das Gemisch sicherheitshalber etwas anzureichern. Aber dadurch steigt nicht nur die Gefahr, daß die Kerzen verrußen (je rauher der Motor läuft, desto mehr reichert man an), sondern man verliert auch beträchtlich an Reichweite. Wenn man mit hoher Leistung in mittleren Höhen (etwa 2500 m oder höher) geflogen ist, und im Sinkflug das Gas reduziert, dann sollte man auch das Gemisch neu einregeln, denn durch Gaswegnahme hat man das Gemisch abgemagert, weil das Anreicherungs-Ventil geschlossen wird. Andererseits kann man es sich durchaus leisten, im Sinkflug mit magerem Gemisch zu fliegen, da nur wenig Gefahr der Überhitzung besteht.

Die Verschlechterung des Verbrauchs – und damit der Reichweite –, die aus unsachgemäßer Bedienung der Gemischregelung resultiert, ist erstaunlich: Beispielsweise kann ein Flugzeug in 2500 m Höhe bei voll-reichem Gemisch doppelt so viel verbrauchen wie bei richtig abgemagertem Gemisch, und man kommt deshalb auch nur halb so weit. Wenn man also feststellt, daß der Verbrauch viel höher liegt als vom Hersteller angegeben, dann hat man höchstwahrscheinlich bei der Gemischregelung Fehler gemacht.

Einige Piloten sind mißtrauisch, wenn es um das Fliegen mit magerem Gemisch geht, denn wenn man mit zu hoher Leistung fliegt (oder mit zu hohem Ladedruck, kombiniert mit zu niedriger Drehzahl) und dabei das Gemisch zu mager einstellt, kann der Motor überhitzen, die Auslaßventile können Schaden nehmen und/oder es kommt zu Klopferscheinungen. Was man bei dieser übertriebenen Vorsicht aber übersieht, ist die Tatsache, daß man mit zu reichem Gemisch ein Vermögen an Treibstoff vergeudet, daß die Kerzen schneller verrußen und man die Abgas-Emission erhöht. Was den letzten Punkt angeht, so produziert ein Flugzeug mehr Schadstoffe als mehrere Autos.

94

Es gibt zwei Arten von Klopferscheinungen, die im heißen Motor bei hohen Zylinderdrücken auftreten können. Erstens kann ein Teil des Luft-Kraftstoff-Gemisches in den Zylindern spontan vor der Verbrennungsfront explodieren, wenn es sich zu früh an der Kerze entzündet. Diese Erscheinung kann durch hohe Motortemperaturen und hohe Zylinderdrücke entstehen, was wiederum durch abgemagertes Gemisch in Verbindung mit hohem Ladedruck hervorgerufen wird. Die Wirkung auf den Kolben ist genauso als wenn er einen Schlag mit einem Hammer bekäme, und obwohl diese Art von Klopfen nicht sofort Schäden anrichtet, so beansprucht und ermüdet sie den Kolben viel schneller als bei normaler Verbrennung.

Die Frühzündung dagegen ist eine vorzeitige Verbrennung des gesamten Luft-Kraftstoff-Gemisches am Beginn des Verdichtungstaktes, hervorgerufen durch ein glühendes Partikel im Zylinder, oder durch eine rauhe Kante an einem erodierten Kolben, oder durch ein Stück Kohleablagerung, das sich vom Kolben gelöst hat. Bei Frühzündung hört die Kühlung des Verbrennungsraumes praktisch auf, und in weniger als einer Minute kann der Kolben oder Zylinder völlig zerstört werden. Während man in einem Auto die Klopferscheinungen manchmal hören kann, wenn man Vollgas gibt oder eine starke Steigung überwindet, so hört man bei einem Flugzeugmotor gar nichts. Es ist also sehr wichtig, diese schädlichen Effekte durch genaue und wohlüberlegte Gemischregelung zu vermeiden. Noch entscheidender ist es, die korrekte Kraftstoff-Qualität zu benutzen: Wenn man einen hochverdichteten Motor mit 80 Oktan Flugbenzin betreibt, hilft die beste Gemischregelung nicht mehr gegen Klopferscheinungen, selbst bei mäßigen Leistungsbereichen.

Während man das Gemisch ganz gut mit dem Gehör regeln kann, zur Not auch mit der Treibstoffffluß-Anzeige (die allerdings meist sehr ungenau arbeitet), und während auch die Zylinderkopftemperatur-Anzeige in gewissem Sinne als Hilfsmittel für die Gemischregelung im Steigflug dienen kann, so gibt es doch auf längere Sicht nichts besseres als eine EGT-Anzeige. Ein solches Gerät mißt den magersten Zylinder, oder in besseren Ausführungen wahlweise jeden einzelnen Zylinder. Es kommt nicht teuer und macht sich schnell bezahlt durch Einsparungen beim Verbrauch, bei Zündkerzen und vielleicht sogar Ventilen. Es kann die Zeit zwischen den Überholungen erheblich verlängern, und wer sich mit dem Gerät besser vertraut macht, kann aus den Abgastemperaturen bei verschiedenen Betriebszuständen und aus den Temperaturveränderungen bei der Gemischregelung eine ganze Reihe von Motorschäden schon im Frühstadium entdecken. Ein EGT-Gerät erlaubt auch eine gute Überwachung der Funktion des Gemischanreicherungs-Ventils: Einige Vergasertypen können bei Vollgas erschreckend magere Gemische produzieren – ein Umstand, den man ohne EGT-Anzeige erst nach einer vorzeitig nötigen Überholung feststellen kann.

Der kleine Gemischhebel, mit dem sich viele Piloten nur sehr selten befassen, ist in der Tat die einzige Möglichkeit, um zwischen richtigem und falschem Gemisch für jede Leistungseinstellung und Dichtehöhe zu wählen. Nimmt man sich die Zeit, um das Gemisch sorgfältig einzustellen und immer wieder nachzuregeln, wenn sich Leistung oder Dichtehöhe ändern oder wenn die Vorwärmung benutzt wird, dann zahlt sich dies aus in besserer Flugleistung, günstigerem Verbrauch, längerer Motorlebensdauer und – last not least – geringerer Umweltbelastung.

17. Wind, Geschwindigkeit und Reichweite

Jedermann weiß, daß bei einem Rundkurs jeder Wind irgendwann zum Gegenwind wird (es sei denn er wechselt zufälligerweise zugunsten des Flugkurses seine Richtung). Ein Gegenwind auf einem Streckenabschnitt wird nicht dadurch ausgeglichen, daß man ihn beim Gegenkurs als Rückenwind nutzen kann. Der Grund: Man ist dem Gegenwind länger ausgesetzt als dem Rückenwind. Nehmen wir als einfaches Beispiel eine Strecke von 200 km mit 40 km/h Gegenwind, der beim anschließenden Gegenkurs zum Rückenwind wird. Als wahre Fluggeschwindigkeit wählen wir 200 km/h. Beim Hinflug liegt die Geschwindigkeit über Grund bei 160 km/h, beim Rückflug 240 km/h. Für die erste Strecke brauchen wir 75 Minuten, für den Rückflug nur 50 Minuten – total also 2 Stunden 5 Minuten, das sind 5 Minuten mehr als bei völliger Windstille. Es spielt gar keine Rolle, wie die Streckenlänge ist, oder die Windstärke, die Windrichtung oder die Geschwindigkeit des Flugzeugs: Wenn es Wind gibt, verliert man immer.

Wie aber sieht es bei Seitenwind aus? Ein Wind aus 90° zum Kurs ergibt automatisch eine Gegenwindkomponente. Um die Geschwindigkeit über Grund nicht zu beeinträchtigen, muß der Wind etwas von hinten kommen. Aber wenn man solche Windverhältnisse beim Hinflug hat, dann wird beim Rückflug natürlich wieder ein Gegenwind daraus – man verliert also erneut. Am besten kann man in diesem Spiel gewinnen, wenn man zuerst hoch fliegt, um den Rückenwind in voller Stärke zu nutzen, beim Rückflug jedoch niedriger, wo der Gegenwind schwächer bläst. Oder man fliegt unterschiedliche Routen bei Hin- und Rückflug, um damit örtliche Richtungsänderungen des Windes zu nutzen.

Man kann bei Gegenwind auch die Leistung erhöhen, um die Geschwindigkeit über Grund zu verbessern und die Flugzeit zu verkürzen, um dann beim Rückflug mit weniger Gas zu fliegen. Ist es damit möglich, die Geschwindigkeit über Grund trotz Gegen- und Rückenwind auf gleichem Niveau zu halten? In der Tat – aber man verbraucht trotzdem mehr Treibstoff, denn der Verbrauch wächst nicht direkt proportional mit der Geschwindigkeit. Ganz im Gegenteil: Die erforderliche Leistung und damit der Verbrauch steigt mit der dritten Potenz der Geschwindigkeit. Das ist auch der Grund, warum stärkere Motoren ein unwirtschaftliches Mittel zur Leistungssteigerung von Flugzeugen sind.

In der Praxis stimmt dieses Verhältnis der dritten Potenz zwischen Geschwindigkeit und Motorleistung nicht im ganzen Geschwindigkeitsbereich eines bestimmten Flugzeugs, weil sich der Anstellwinkel mit der Geschwindigkeit verändert und damit auch der Widerstand. Diese Regel erweist sich aber als ziemlich genau, wenn man die oberen Geschwindigkeitsleistungen von Flugzeugmustern vergleicht, die mit verschiedenen Motorentypen gebaut wurden. Die Piper Comanche 180 hatte beispielsweise eine Reisegeschwindigkeit von 257 km/h. Wenn man diesen Wert mit der Kubikwurzel aus 250 PS/180 PS multipliziert, kommt man auf 290 km/h, und das war genau die Reisegeschwindigkeit der Comanche 250. Die Beech Debonair mit 225 PS reiste mit 295 km/h, ihr 260 PS starkes Gegenstück, die Bonanza mit 313 km/h – das entspricht ganz genau der genannten Umrechnungsformel. Sie trifft jedoch nur in den oberen Geschwindigkeitsbereichen zu, denn die Widerstandsverminderung mit reduzierter Geschwindigkeit wird geringer, je langsamer das Flugzeug wird, und ab einer bestimmten Geschwindigkeit steigt der Widerstand wieder an, obwohl das Flugzeug weiter verzögert wird.

Der Gesamtwiderstand eines Flugzeugs besteht aus zwei Elementen. Erstens gibt es den induzierten Widerstand, der mit der Erzeugung des Auftriebs zusammenhängt und durch große Wirbelzöpfe an den Flügelspitzen, aber auch in geringerem Maße an der Flügelhinterkante entsteht. Zweitens handelt es sich um den schädlichen Widerstand, der den ganzen Rest des Flugzeugwiderstandes darstellt. Der induzierte Widerstand sinkt bei steigender Geschwindigkeit, während der schädliche Widerstand dabei ansteigt. Im nahezu überzogenen Flugzustand ist der induzierte Widerstand sehr hoch, der schädliche Widerstand jedoch beträgt nur etwa ein Zehntel des Wertes bei Höchstgeschwindigkeit.

Daraus ergibt sich, daß es eine ganz bestimmte Geschwindigkeit gibt, bei der der Gesamtwiderstand ein Minimum erreicht. Und das ist weder die Mindest- noch die Höchstgeschwindigkeit eines Flugzeugs. Bei dieser Geschwindigkeit ist das Verhältnis von Auftrieb zu Widerstand am größten (der Auftrieb bleibt konstant entsprechend dem Gewicht des Flugzeugs), der Gleitwinkel ohne Schub ist dabei am flachsten. Eigentlich wäre dies auch das Optimum für eine wirtschaftliche Reisegeschwindigkeit, aber da die verfügbare Leistung mit der Geschwindigkeit etwas ansteigt, liegt die wirtschaftlichste Geschwindigkeit um einige km/h über derjenigen mit dem besten Gleitwinkel.

Theoretisch liegt die Geschwindigkeit für geringsten Verbrauch etwa 40 % über derjenigen, bei der das Flugzeug seine absolute Gipfelhöhe erreicht. Und das wiederum ist jene Geschwindigkeit, bei der die beste Steigrate (die mit der Höhe abnimmt) und der beste Steigwinkel (der mit der Höhe zunimmt) zusammenfallen. Die Beech-Handbücher zeigen dies in Form einer Grafik zusammen mit der Geschwindigkeit für die beste Reichweite (so heißt offiziell die wirtschaftlichste Geschwindigkeit). Weniger komplette Handbücher geben oft eine Regel an, der zufolge man pro 1000 Fuß Höhe so und so viele km/h Geschwindigkeit der besten Steigrate oder der besten Steigwinkel addieren oder subtrahieren soll.

Diese charakteristische Geschwindigkeit – für größte Wirtschaftlichkeit, beste Reichweite, optimalen Reisegleitwinkel, die meisten km pro Liter, oder wie immer man sie bezeichnen mag – wird bestimmt durch die Auslegung der Flugzeugzelle. Die Reise- und Höchstgeschwindigkeiten dagegen sind von der Motorleistung abhängig. Die Geschwindigkeit für beste Reichweite ist eine angezeigte nicht eine wahre Fluggeschwindigkeit. Die größte Reichweite eines Flugzeugs ist an sich unabhängig von der Flughöhe, aber sie wird zumindest von derjenigen Höhe beeinflußt, bei der man mit Vollgas fliegen muß, um die angezeigte Geschwindigkeit bester Reichweite einhalten zu können. Da die wirtschaftlichste Motorleistung üblicherweise zwischen 40 % und 50 % liegt, und normale Saugmotoren diese Leistung bei Vollgas in Höhen zwischen 3500 m und 4500 m erbringen, sind die Flughöhen mit dem besten Kompromiß ziemlich hoch. Als Faustregel kann man sagen, ein Flugzeug ist dann am wirtschaftlichsten, wenn bei beliebiger

Flughöhe die Geschwindigkeit bester Reichweite angezeigt wird. Diese Geschwindigkeit bester Reichweite ist nicht zu verwechseln mit derjenigen für die längste Flugdauer, denn nur auf den ersten Blick scheinen sie identisch zu sein. Bei der Geschwindigkeit für die längste Flugdauer braucht man die geringste Motorleistung (hat damit den geringsten Verbrauch), um möglichst lange in der Luft zu bleiben. Man benutzt sie, wenn der Zielflugplatz noch im Nebel steckt, oder wenn man aus Gründen starken Verkehrs für längere Zeit in den Warteraum geschickt wird, oder eben in allen Fällen, in denen es nur darauf ankommt, möglichst lange oben zu bleiben. Sie entspricht fast genau der Geschwindigkeit für geringstes Sinken im Gleitflug und liegt etwas unter der Geschwindigkeit für die beste Steigrate. Da es sich um die Geschwindigkeit handelt, bei der zur Aufrechterhaltung des Normalfluges die geringste Energie beansprucht wird, verliert man dabei im Gleitflug auch am wenigsten Höhe. Und da der Steigflug mit Überschußleistung des Motors durchgeführt wird, erzielt man die größte Steigrate etwas über (wegen der Propellereffekte) dem Punkt, bei dem die erforderliche Energie für die Aufrechterhaltung des Normalfluges am geringsten ist.

Die Geschwindigkeit für den besten Steigwinkel liegt gewöhnlich genau zwischen der Geschwindigkeit für die beste Steigrate und der Überziehgeschwindigkeit. Sie ist geringer, wenn das Flugzeug viel Widerstand hat – beispielsweise wenn Fahrwerk und Klappen ausgefahren sind – als wenn es die Konfiguration geringsten Widerstands aufweist. Im allgemeinen kann man sagen: Je widerstandsärmer und schwerer das Flugzeug ist, desto höher liegen seine charakteristischen Geschwindigkeiten.

Es ist sehr wichtig, sich die Unterschiede zwischen der besten Steigrate und dem besten Steigwinkel, der größten Reichweite und längsten Flugdauer sowie des geringsten Sinkens und des flachsten Gleitwinkels klarzumachen. Die beiden letzteren sind besonders undurchsichtig, denn meistens reden die Piloten von der Geschwindigkeit für »bestes Gleiten« – und das sagt eigentlich gar nichts aus. Wenn man mit vereistem Motor durch Nebel gleitet, legt man Wert auf geringstes Sinken. Aber falls in 2500 m Höhe und 15 km vor dem Zielflugplatz die Tanks leer sein sollten, ist man auf bestes Gleiten angewiesen, das den flachsten Sinkflug ermöglicht, also die größtmögliche Bodendistanz pro Meter Höhenverlust. Segelflieger sind mit diesem wichtigen Unterschied wohlvertraut: Geringstes Sinken nutzen sie beim Kreisen in der Thermik oder in Wellen, wenn es nicht auf die zurückgelegte Entfernung sondern auf jeden Meter Höhengewinn ankommt. Mit dem besten Gleitwinkel dagegen oder der Geschwindigkeit mit dem besten Verhältnis von Auftrieb und Widerstand fliegen sie zwischen den Aufwindgebieten, um eine möglichst große Strecke mit möglichst wenig Höhenverlust zurückzulegen. Hochleistungssegelflugzeuge führen abwerfbaren Wasserballast mit sich, der die Geschwindigkeit des besten Gleitwinkels erhöht. Das Wasser wird abgelassen, wenn am Spätnachmittag die Stärke der Thermik nachläßt, so daß bei reduzierter Flächenbelastung das Sinken in schwächeren Aufwinden reduziert werden kann. Das Zusatzgewicht des Ballastes können sie sich leisten, weil die Gleitzahl an sich – 7 bis 10 in einem Motorflugzeug, mehr als 40 in einem guten Segelflugzeug – nicht vom Gewicht abhängt.

Gegenwind verschlechtert automatisch den Gleitwinkel eines Flugzeugs (bezogen auf den Boden) und reduziert die maximale Reichweite. Ein Teil dieses Verlustes kann aber wettgemacht werden durch Erhöhung der Geschwindigkeit. Nach einer guten Faustregel erhält man die Geschwindigkeit für die beste Reichweite bei Gegenwind, wenn man ein Viertel der Gegenwind-Komponente (nicht der tatsächlichen Windgeschwindigkeit, sondern nur des Anteils an direktem Gegenwind) zur normalen Geschwindigkeit für beste Reichweite addiert. Ähnlich erzielt man die meisten Kilometer pro Liter Kraftstoff bei Rückenwind, wenn man die wahre Geschwindigkeit durch ein Sechstel der Windkomponente reduziert.

Um zu zeigen wie nützlich alle die Informationen sind, sei hier das Profil eines imaginären Fluges dargestellt, bei dem man aus gutem Grund verschiedene Geschwindigkeiten wählt. Der Start soll auf einem baumumsäumten Flugplatz erfolgen, an Bord ist Kraftstoff für vier Stunden und die Flugzeit zum Zielflugplatz betrage drei Stunden. Kurz vor der Ankunft ist der Himmel mit Smog gefüllt, und der Tower gibt eine Wartezeit von 35 Minuten durch. Es werden 45 Minuten daraus, und plötzlich auftretender Bodennebel zwingt dazu, den nächsten VFR-Ausweichplatz anzufliegen, der

101

aber 130 km entfernt liegt. Unglücklicherweise herrscht auf dieser Strecke 20 km/h Gegenwind. Wenige Kilometer vor dem Flugplatz ist der Kraftstoffvorrat erschöpft, und man muß in den Gleitflug übergehen. In 300 m Höhe über Grund ist der Platz noch 3 Kilometer entfernt, und es ist nun klar, das es nicht klappt. Das Gelände ist zwar eben, aber felsig.

Wie fliegt man unter diesen Umständen? Der Anfangssteigflug wird mit der Geschwindigkeit für besten Steigwinkel durchgeführt, um die Hindernisse gut zu überwinden. Denn steigt man weiter mit der Geschwindigkeit für die beste Steigrate. Zum normalen Reiseflug ist wenig zu sagen, aber im Warteraum hält man die Geschwindigkeit für maximale Flugdauer ein, um 2 bis 3 km/h reduziert, weil die Maschine leichter geworden ist. Zum Ausweichflugplatz fliegt man mit der Geschwindigkeit für beste Reichweite minus 2 km/h für reduziertes Gewicht, plus 5 km/h wegen des Gegenwindes. Der Gleitflug wird anfangs mit der Geschwindigkeit für den besten Gleitwinkel durchgeführt, wie im Handbuch angegeben, aber vermindert durch 2 bis 3 km/h, wiederum weil die Maschine leichter geworden ist. Den Endanflug zur Notlandung macht man mit der Geschwindigkeit für geringstes Sinken, um Zeit zu gewinnen für die letzten Handgriffe im Cockpit und für das Festziehen der Schultergurte! Kurz vor dem Aufsetzen wird auf Mindestgeschwindigkeit reduziert. Einiger Schaden wird unvermeidlich sein – aber die Geschwindigkeitseinteilung war untadelig.

18. Wie man Kilometer macht ohne Mehrverbrauch

Ein modernes Flugzeug ist ein wirtschaftliches Transportmittel – zumindest ebenso wirtschaftlich wie beispielsweise ein Auto. Wenn man es mit der richtigen Gaseinstellung für größtmögliche Flugstrecke pro US-Gallone (3,785 Liter), fliegt, kann ein typisches einmotoriges Flugzeug mit vier Sitzen und Einziehfahrwerk pro Gallone Treibstoff um einiges an Kilometern weiter kommen als die meisten Autotypen. Sogar eine schnelle Zweimot wie die Cessna 310 Q mit immerhin 520 PS fliegt 10 Meilen pro Gallone (mpg), während leichtere Zweimots wie die Beech Travel Air und die Piper Seneca auf immerhin 14 mpg kommen. Wenn man diesen Verbrauch auf Passagiermeilen pro Gallone umrechnet sind Leichtflugzeuge selbst von einer Boeing 747 kaum zu schlagen: Eine 747–100 verbrennt etwa 3350 Gallonen pro Stunde. Bei einer Reisegeschwindigkeit von 960 km/h und einer Sitzkapazität von 350 Passagieren braucht der Jumbo also 1,6 Gallonen, um einen Passagier 100 Meilen weit zu transportieren. Eine vollbesetzte Cessna 310 Q braucht bei wirtschaftlicher Reisegeschwindigkeit 1,69 Gallonen für 100 Passagiermeilen, und viersitzige Einmotorige nur 1,4 Gallonen. Leichtflugzeuge sind also in der Lage, Personen und Güter außerordentlich wirtschaftlich zu transportieren, eine Tatsache, die man in diesen energiebewußten Zeiten nicht übersehen sollte.

Das Geheimnis der höchstmöglichen Treibstoff-Effizienz liegt darin, daß man die richtige Geschwindigkeit wählt. Natürlich kommt es zunächst auf die richtige Gemischregelung an, und ein EGT-Gerät ist heutzutage sein Gewicht in Gold wert. Aber selbst die beste Technik der Gemischregelung bedeutet noch nicht, daß man auch mit geringstmöglichem Verbrauch fliegt, vor allem wenn man sich mit höchstmöglicher Reisegeschwindigkeit bewegt. Die typischen Flugzeugmuster der General Aviation haben empfohlene Reisegeschwindigkeiten, die weit über den Bereich des günstigsten Verbrauchs hinausgehen. Die größte Wirtschaftlichkeit erzielt man bei der Geschwindigkeit für maximale Reichweite, die bei relativ geringer Motorleistung erreicht wird, meist bei weniger als 50%: Eine vollbeladene Cessna 310 Q beispielsweise schafft ihre größte Reichweite und damit auch die günstigsten Verbrauchswerte bei 45% Motorleistung. Mit 75% Leistung erreicht sie in 800 m Höhe nur 7,5 mpg, doch mit 44% in 2300 m Höhe sind es 33% mehr an Strecke mit dem gleichen Treibstoff. Die Reisegeschwindigkeit ist dabei nur 20% geringer, eine kleine Einbuße verglichen zur enormen Treibstoffeinsparung. Bei einer Leistung von 45% anstelle 65% erhöht sich die mpg-Leistung der 310 Q in 2300 m Höhe immerhin noch um 17%, und das unter Berücksichtigung des Steigflugs. Auf einer Strecke von 800 km bedeutet dies nur einen Zeitverlust von ganzen drei Minuten, und dabei reist man mit weniger Geräuschentwicklung, also mit mehr Komfort.

Theoretisch erzielt man die maximale Reichweite – und damit die höchste Treibstoff-Effizienz – in ruhiger Luft mit derjenigen Geschwindigkeit, bei der das Verhältnis von Auftrieb zu Widerstand am größten ist. Praktisch findet man diese exakte Geschwindigkeit kaum in den Handbüchern, aber man braucht sie auch nicht unbedingt so genau zu wissen, um den besten Verbrauch zu erzielen. Trotzdem wäre es keine schlechte Idee, wenn die Hersteller ihre eigenen Empfehlungen für den wirtschaftlichen Betrieb ihrer Flugzeuge veröffentlichen würden. Flughandbücher enthalten gewöhnlich Reichweitenangaben entsprechend Motorleistungen zwischen 45% und 75%. Wenn man diese Diagramme genau liest, kann man die entsprechende Motorleistung für die größtmögliche Reichweite daraus entnehmen. Man sollte dabei aber die vom Hersteller zugelassene kleinste Drehzahl wählen. Denn die Propeller arbeiten am wirtschaftlichsten bei geringen Drehzahlen.

Es gibt verschiedene Methoden, um bei einem Überlandflug das Energiesparen nicht aus den Augen zu verlieren. Die Geschwindigkeit für maximale Treibstoff-Effizienz wird nicht bei der Mindest-Motorleistung erreicht, die nötig ist, um in der Luft zu bleiben. Das führt zwar zu hoher Flugdauer, was beim Fliegen in Warteräumen nützlich ist, oder immer dann, wenn man möglichst lange oben bleiben will, aber erst die richtige Relation zwischen Verbrauch und Geschwindigkeit führt zur optimalen Wirtschaftlichkeit. Die wirtschaftlichste Geschwindigkeit kann vom Gegen- oder Rückenwind beeinflußt werden. Man kann es sich mit Rückenwind leisten, langsamer zu fliegen und Treibstoff zu sparen, aber bei Gegenwind muß man schneller werden. Zur Illustration kann man sich vorstellen, mit Gegenwind zu fliegen, der genauso stark ist wie die Geschwindigkeit maximaler Reichweite in ruhiger Luft: Man würde keinen Meter vorwärts kommen, das mpg-Leistung wäre gleich Null. Wenn man aber schneller fliegt, bewegt man sich immerhin vorwärts, und produziert einige Meilen pro Gallone. Als grobe Faustregel bei Gegenwind kann man angeben: Man sollte soviel Gas geben, daß die empfohlene Geschwindigkeit höchster Reichweite um ein Viertel der Gegenwindkomponente gesteigert wird. Bei Rückenwind reduziert man die Leistung so weit, daß die Geschwindigkeit maximaler Reichweite um ein Sechstel der Rückenwindkomponente vermindert wird.

Die angezeigte Geschwindigkeit maximaler Reichweite ändert sich kaum mit der Höhe, wird aber etwas vom Gewicht beeinflußt. Bei einem 2300 kg schweren zweimotorigen Flugzeug sollte sie pro 100 kg unter maximalem Startgewicht um 2% reduziert werden. Bei einer 1100 kg schweren Einmot kann man pro 100 kg weniger Gewicht um 4% reduzieren. Der im Laufe des Fluges durch den Treibstoffverbrauch auftretende Gewichtsrückgang sollte immer wieder berücksichtigt werden, um das Maximum an mpg herauszuholen. Je leichter das Flugzeug, desto sparsamer ist das Flugzeug, also sollte man kein unnützes Gewicht mit sich herumschleppen. Aus Gründen der Wirtschaftlichkeit in bezug auf Passagiermeilen pro Gallone ist andererseits darauf zu achten, daß man möglichst oft mit vollbesetzter Maschine fliegt.

Die Höhe spielt für die Wirtschaftlichkeit praktisch keine Rolle. Was man vielleicht gewinnen könnte, wenn man mit einer Maschine ohne Lader größere Höhen aufsucht, wird vom treibstoff- und zeitraubenden Steigflug wieder wettgemacht. Die Reiseflughöhe sollte entsprechend den Windverhältnissen und der Flugdauer gewählt werden. Bei Gegenwind sollte man so niedrig wie nur irgend möglich fliegen, um den Zeitanteil hohen Verbrauchs beim Steigflug klein zu halten. Dabei ist nicht zu vergessen, daß die Motorleistung gerade um so viel erhöht werden sollte, um die Gegenwindkomponente auszugleichen. Herrscht Rückenwind in großer Höhe, dann sollte man ihn nutzen, vorausgesetzt man kann lange genug oben bleiben, um den Verlust des langen Steigflugs auszugleichen. In der Praxis macht es nicht allzu viel aus, wenn man statt der besten Steigrate mit Reisegeschwindigkeit Höhe gewinnt, man hat dabei sogar den Vorteil besserer Sicht, weil die Nase nicht so hoch liegt.

Nehmen wir den Fall einer Cessna 320 Q, die mit angezeigten 222 km/h und 28 mpg steigt. Wenn die Maschine bei maximalem Gewicht gestartet ist, kann sie in etwa 12 Minuten 3000 m erreichen und hat für den Steigflug etwa 6 Gallonen verbraucht. Im Reiseflug mit 45% Leistung liegt die angezeigte Geschwindigkeit bei 237 km/h und der Verbrauch bei 17,8 Gallonen pro Stunde. Wenn der Rückenwind in 3000 m um 20 km/h stärker ist als in Seehöhe, dann müßte man mindestens 15 Minuten in dieser Höhe bleiben, um den Mehrverbrauch des Steigflugs wieder wettzumachen. In unserem Beispiel wäre es selbst ein relativ schwacher Rückenwind in der Höhe wert ausgenutzt zu werden, aber mit einem anderen Flugzeugtyp mit einer größeren Differenz zwischen Steig- und Reisegeschwindigkeit sowie einer geringeren Steigrate ist es besser, in 1000 m Höhe mit einem kleinen Geschwindigkeitsgewinn von 20 km/h vorlieb zu nehmen als mühsam auf 3000 m zu klettern, um dort nur für kurze Zeit einen 40 km/h Rückenwind zu erreichen.

Beim Sinkflug ist es für den Treibstoffverbrauch günstiger, die Reisegeschwindigkeit einzuhalten und die Motorleistung zu reduzieren. Die wirtschaftlichste Geschwindigkeit wird von der Aerodynamik des Flugzeugs bestimmt. Es wäre unsinnig, mehr Leistung einzusetzen als zur Aufrechterhaltung dieser Geschwindigkeit nötig ist. Man sollte den Sinkflug so planen, daß die Drehzahl und der Ladedruck innerhalb der sicheren Betriebsgrenzen bleiben, um die korrekten Zylinderkopftemperaturen einhalten zu können. Und die Sinkrate ist so zu wählen, daß man in der Nähe des Zielflugplatzes die Platzrundenhöhe genau erreicht hat. Alles was man an zusätzlichem Gasgeben am Ende eines Fluges vermeiden kann, erhöht die Wirtschaftlichkeit. Eine Reduzierung des Ladedrucks um 5 Inches bedeutet bei Reisegeschwindigkeit eine Sinkrate von 500 Fuß pro Minute, und wenn man also für jeweils 1000 Fuß zwei

Minuten braucht, kann man leicht ausrechnen, wann man mit dem Sinkflug beginnen sollte, vorausgesetzt, man kennt in etwa seine Geschwindigkeit über Grund.

Wann immer möglich, sollte man VFR die direkteste Route wählen. IFR-Flüge erfordern 10% bis 15% mehr Zeit, was sich auf die Treibstoff-Effizienz natürlich negativ auswirkt. Muß man aber IFR fliegen, sollte man vor dem Anlassen des Motors den Tower fragen, ob die Freigabe bereits vorliegt, so daß es auf dem Vorfeld keine Wartezeiten gibt.

Merke: Alles was unproduktive Motorlaufzeiten verkürzt, hilft beim Treibstoffsparen und verbessert die Wirtschaftlichkeit eines Flugzeuges.

19. Die gefährlichste Legende

Vor langer Zeit waren die meisten Leute noch davon überzeugt, daß Flugzeuge nur durch unglaubliche Geschicklichkeit, brutaler Kraft, und mit dem Sicherheitsgurt des Piloten daran gehindert werden konnten, wie ein Stein vom Himmel zu fallen. Das veranlaßte früher die Fluglehrer zu solch vertrauenerweckenden Sätzen wie diesen: »Denken Sie daran, dieses Flugzeug will fliegen! Wenn Sie es in Ruhe lassen, werden Sie feststellen, daß es besser fliegen kann als Sie!« Das war auf den ersten Blick ein sehr nützlicher Standpunkt – aber nur, um die Flugschüler dazu zu bringen, sich zu entspannen und etwas weniger verkrampft mit der Steuerung umzugehen. Denn es hätte zu lange gedauert, den Schülern die Wahrheit zu sagen, und es gibt Grund zu der Annahme, daß die Fluglehrer damals die Wahrheit selbst nicht so genau kannten.

Später versuchte man das Vertrauen der Schüler dadurch zu erhöhen, daß man ihnen angeblich narrensichere Flugmanöver demonstrierte. Diese Methode wurde wie eine Medizin auch von Fluglehrern verabreicht, die es eigentlich hätten besser wissen müssen. Die Wirkung war ähnlich fatal, wie wenn man eine Überdosis eines Arzneimittels schluckt. Zu diesen irreführenden Rezepten gehörte auch dieses: Ein Flugzeug richtet sich aus einer Querneigung von selbst wieder auf. Diese Feststellung ist schlichtweg falsch. Die FAA hat untersuchen lassen, wie Unfälle von nicht-blindflugberechtigten Piloten bei IFR- oder sehr schlechten VFR-Bedingungen zustandekommen, die jährlich einen hohen Prozentsatz aller Unfälle ausmachen. Die Hauptursache lag danach bei der mangelnden Spiralabsturz-Stabilität der meisten Flugzeugtypen der General Aviation. Das bedeutet, daß die Tendenz eines Flugzeugs, ohne Steuerkorrekturen die Horizontallage der Flügel einzuhalten sehr gering ist. Und wenn ein Flugzeug in diesem Punkt unstabil ist, wird es, falls nicht eingegriffen wird, in eine Kurve gehen, der

Anstellwinkel steigt an, die Nase senkt sich langsam und die Geschwindigkeit wird immer höher.

Die Wahrheit sieht so aus: Selbst wenn ein Flugzeug korrekt beladen ist, so daß der Schwerpunkt genau im zulässigen Bereich liegt, wird es nicht lange von allein mit horizontal ausgerichteten Flügeln fliegen. Irgendeine Störung beeinflußt das Gleichgewicht, und ein Flügel senkt sich. Wenn er einen bestimmten kritischen Hängewinkel überschritten hat, senkt er sich automatisch weiter, und es entwickelt sich ein Spiralsturz.

Solange ein Pilot den natürlichen Horizont oder zumindest die Erde unter sich sieht, bleibt ihm genügend Zeit, um den Flügel wieder aufzurichten. Aber wenn die Sicht nach außen verlorengeht, sieht es im wahrsten Sinne des Wortes schlecht aus, falls der Pilot kein IFR-Training hat. Ohne optischen Bezugspunkt hat der Mensch eine Tendenz zur Fortbewegung auf einem spiralförmigen Kurs. Man hat dies in USA bereits 1926 in einem Versuch nachgewiesen: Piloten sollten mit verbundenen Augen auf gerader Linie laufen, ein Auto steuern oder ein Boot fahren. Die Tests endeten jedesmal damit, daß die Versuchsperson einen spiralförmigen Kurs zurücklegten.

Man muß davon ausgehen, daß es eine gefährliche Mensch-Maschine-Beziehung gibt: Beide Partner – Pilot und Flugzeug – haben Spiralbewegungs-Tendenz, die davon abhängen, ob der Pilot die Außenwelt sehen kann. Keiner von beiden kann sich ohne Hilfe von selbst korrigieren, und für den Piloten bleibt nur der »Ausweg« des Blindflugtrainings.

Die Stabilität und Steuerbarkeit eines Flugzeugs wirken einander entgegen, und ein vernünftiger Kompromiß hängt ganz vom beabsichtigten Verwendungszweck ab. Die Ergebnisse dieser konstruktiven Bemühungen werden als Flugeigenschaften bezeichnet. Die Flugeigenschaften eines militärischen Jagdflugzeugs wären für ein schweres Transportflugzeug nicht akzeptabel, und auch die Eigenschaften einer Kunstflugmaschine entsprechen nicht denen, die man von einem ausgesprochenen Reiseflugzeug erwartet.

Der Grund für den unumgänglichen Kompromiß liegt darin, daß man zumindest theoretisch ein Flugzeug bauen könnte, das so flugstabil ist, daß es überhaupt nicht mehr steuerbar wäre – es wäre sogar kaum mehr in der Lage, sich fortzubewegen. Als anderes Extrem ist ein Flugzeug denkbar, dessen Steuerbarkeit so groß ist, daß die daraus resultierende geringe Flugstabilität wiederum die Steuerbarkeit negativ beeinflußt. Das klingt zwar paradox, aber es gibt in der Tat viele große Flugzeuge und Jagdmaschinen, die von einer künstlichen Stabilisierungsanlage abhängig sind, ohne die sie nicht sicher geflogen werden könnten. Es gibt Unterschiede im Detail, aber im allgemeinen folgen alle Entwurfsentscheidungen bezüglich der Flugeigenschaften demselben Muster. Die Richtungsstabilität, die das Nicken und Gieren betrifft, ist relativ hoch, während die Rollstabilität, die den Kurvenflug betrifft, ziemlich gering ist. Alle drei Arten von Stabilität arbeiten gut zusammen, wenn die Flügel einigermaßen waagerecht liegen, so daß das Flugzeug seine Richtung und Fluglage bei relativ guter Höhen- und Geschwindigkeitshaltung beibehält. Aber wenn ein Flügel zu hängen beginnt, ändert sich diese Situation zum schlechteren.

Das Gieren ist eigentlich keine Steuerachse: Die Funktion der vertikalen Leitwerksflächen besteht einfach darin, daß das Heck der Richtung des Bugs folgt. Da manche Flugbedingungen in der Gierachse mehr Kraft erfordern als die feste Seitenflosse aufbringen kann, wird der bewegliche Teil, das Seitenruder, dazu benutzt, um den Effekt zu verstärken. Das Ruder trifft so beim Überwinden des negativen Wendemomentes beim Querruderausschlag, wenn man eine Kurve einleitet oder beendet. Bei hohem Anstellwinkel und großer Motorleistung, wie beispielsweise beim Langsamflug und beim Steigen, braucht man die Seitenruderwirkung nach rechts dazu, um das Flugzeug geradeaus zu halten. Bei geringer Motorleistung im Sinkflug dagegen hilft ein Seitenruderausschlag nach links gegen Rechtstendenzen des Flugzeugs. Bei konventionellen Zweimotorigen wird die ungenügende Wirkung der Seitenflosse besonders deutlich, wenn ein Triebwerk ausfällt, man muß dann sehr stark mit dem Seitenruder nachhelfen.

Die Nickachse ist deshalb besonders wichtig, weil damit die Einflüsse der Schwerkraft korrigiert werden, die Stabilität um die Querachse muß deshalb sehr groß sein. Deshalb sind die Höhensteuerkräfte auch höher als um die anderen Achsen. Aber da die Änderungen der Längsneigung meist sehr maßvoll und nicht sehr schnell erfolgen, ist dies durchaus akzeptabel. Nur bei der Landung ist die Steuerung um die Querachse zeitkritisch, weshalb es auch so lange dauert, bis man perfekte Landungen beherrscht. Um die Nickstabilität zu demonstrieren, wird das Flugzeug im Horizontalflug gut ausgetrimmt, dann wird gezogen, bis die Maschinen 20 km/h Fahrt verloren hat, und anschließend hält man das Höhenruder in neutraler Position fest: Die Nase fällt herunter, die Fahrt steigt an. Die höhere Geschwindigkeit erzeugt jetzt einen größeren Auftrieb, so daß die Nase wieder hochkommt. Wenn das Flugzeug in Steiglage ist, fällt die Fahrt wieder ab, und die Nase wandert wieder nach unten. Bei den meisten Leichtflugzeugen klingt diese Wellenbewegung nach einiger Zeit von selbst ab, und das Flugzeug nimmt die gleiche Höhe und Geschwindigkeit ein wie zu Beginn des Versuchs. Wenn aber die vertikalen Schwingungen des Flugweges immer heftiger statt geringer werden, ist die Maschine instabil um die Nickachse, und man muß sofort etwas dagegen unternehmen. Moderne Leichtflugzeuge haben gute Stabilitätseigenschaften um die Nickachse, aber einige entfernen sich weit vom Idealzustand, wenn der Schwerpunkt dicht am hinteren Limit liegt.

Um die Längsachse braucht man die beste Steuerbarkeit, denn Querlagenänderungen müssen schnell und präzise durchgeführt werden können. Die Stabilität um die Längsachse wird deshalb der Steuerbarkeit untergeordnet. Es kann nicht schaden, sich in diesem Zusammenhang einige grundlegende Dinge über die Stabilität in Erinnerung zu rufen. Ein Pendel wird nach einer Auslenkung von selbst in seine ursprüngliche Lage zurückkehren. Ein Tennisball auf einer ebenen Tischplatte ist neutral-stabil: Er bleibt irgendwo liegen, wenn er angestoßen wurde, und zeigt keine Tendenz zum Ausgangspunkt zurückzukehren. Ein Bleistift wird nicht auf der Spitze stehenbleiben, er ist unstabil: Wenn man ihn losläßt, fällt er um. Er kann nicht von selbst stehenbleiben, und unternimmt auch nicht den geringsten Versuch, sich von selbst wieder aufzurichten. Fast jedes Flugzeug zeigt alle drei Arten von Stabilität. Bei sehr geringen Hängewinkeln tendiert der Flügel dazu, in seine horizontale Lage zurückzukehren. In einem engen Bereich mittlerer Hängewinkel bleibt der Flügel in seiner gegenwärtigen Lage. Bei großen Hängewinkeln jedoch neigt ein Flügel dazu, noch weiter nach unten zu gehen. Die ersten beiden Zustände bleiben selten sehr lange bestehen, wenn man die Steuerung losläßt, aber man kann sie leicht überwachen. Die Aufrichttendenz führt dazu, daß leichte Kurven nur schwer ganz sauber zu fliegen sind, denn das Flugzeug versucht die Kurve flacher werden zu lassen. Die Tendenz, den einmal erreichten Hängewinkel einzuhalten, kommt dem Instrumentenflug zugute, da sie gerade bei solchen Hängewinkeln auftritt, die man für Standard-Kurven im Blindflug braucht.

Ein perfekt und sauber gebautes Flugzeug mit dem Schwerpunkt genau im Zentrum der Querachse ist leider nur ein theoretisches Konzept. Selbst wenn bei Beginn eines Fluges alles stimmt, wird die sich verringernde Treibstoff-Beladung bald die Situation ändern. Es ist nur eine kleine seitliche Gewichtsverschiebung oder Böe nötig, um ein Flugzeug zum Spiralsturz zu veranlassen.

Hier spielt auch die Gierstabilität mit herein. Sie sorgt dafür, daß das Heck der Bewegung der Nase folgt, aber dabei zwingt sie den hochliegenden Flügel, schneller zu fliegen. Dadurch erhöht sich sein Auftrieb noch mehr und die Schräglage steigt weiter an. Auch die Nickstabilität liefert jetzt ihren Beitrag: Wenn sich die Nase senkt und die Geschwindigkeit steigt, wird durch die Nickstabilität der Anstellwinkel erhöht – ähnlich wie bei den Nickschwingungen mit waagrechten Flügeln. Aber da jetzt ein Flügel hängt, ist das Ergebnis unterschiedlich. Ein einfaches Flugexperiment soll erläutern, was nun passiert.

In ausreichender Sicherheitshöhe wird eine normale Kurve mit einer Querneigung von etwa 50 Grad eingeleitet und stabilisiert. Jetzt zieht man am Höhensteuer, ohne irgendetwas anderes zu verändern. Man beobachte dabei den hängenden Flügel und wird bald sehen, daß mit zunehmendem Druck des Höhensteuers das Flugzeug eine noch steilere Kurvenlage einnimmt. Warum? Obwohl das Höhenruder an beiden Flügeln die gleiche Winkeländerung hervorruft, profitiert der hochliegende Flügel mehr davon, weil er sich schneller durch die Luft bewegt als der hängende. Deshalb kann man in steilen Kurven mit dem Höhensteuer den Sinkflug nicht verhindern. Die Höhenflosse hat genau denselben Effekt, nur wirkt sie etwas langsamer. Beide Effekte – die Seitenflosse zwingt den hochliegenden Flügel schneller zu fliegen, und die Höhenflosse verändert den Auftrieb der beiden Flügel unsymmetrisch – wirken in die gleiche Richtung: Beide führen zu einer immer engeren Spiralkurve und damit steigt die Geschwindigkeit.

112

Man kann jetzt leicht erkennen, warum die normale antrainierte Reaktion, die Geschwindigkeit durch Ziehen am Höhensteuer zu vermindern, in diesem Fall völlig fehl am Platz ist. Im besten Fall wird der Spiralsturz nur noch steiler, im schlimmsten Fall aber entstehen Luftkräfte, die das Flugzeug bis zum Bruch überbeanspruchen. Und das ist auch die Hauptursache für den Ablauf vieler Unfälle, bei denen untrainierte Piloten bei schlechtem Wetter die Kontrolle verlieren: Das Flugzeug fällt trudelnd aus den Wolken, wobei sich bereits einige Teile gelöst haben. Deshalb wird den Piloten bei der IFR-Ausbildung ganz strikt beigebracht, zuerst die Drehung zu beenden, bevor der Sturzflug abgefangen wird. Schließlich sollte jetzt auch klar geworden sein, daß solche Feststellungen, ein Flugzeug wolle von selbst aus einer Kurve in den Normalflug übergehen, wenn man nur die Hände vom Steuer läßt, ganz einfach nicht der Wahrheit entsprechen.

Im Jahr 1965 unternahm ein Hersteller einen kühnen Schritt: Unter dem Namen »Positive Control« (PC) rüstete die Firma Mooney alle ihre Flugzeuge mit einem System zur Stabilisierung der horizontalen Flügellage aus. Es gab damals Leute, die dies als unnützes Spielzeug bezeichneten. Die NASA straft die Kritiker Lügen. Schon 1966 brachte sie die Studie »The Effect of a Light Aircraft Stability-augmentation System on Pilot Performance«, die zusammengefaßt zu folgenden Ergebnissen kam:

»Es handelt sich um eine einfache Anlage zur Stabilisierung der Flügellage in Leichtflugzeugen, und es wurde die Auswirkung dieser Anlage auf Blindflugverhalten von nicht IFR-qualifizierten Piloten untersucht . . . Diesen Privatpiloten stand damit eine verbesserte Möglichkeit zur Verfügung, um eine unbeabsichtigte Situation im Blindflug zu beenden . . . Die vom System als Funktion des Hängewinkels erzeugte Kraft in der Quersteuerung bei stationären Kurven erwies sich als deutliche Hilfe im Instrumentenflug. « Der letzte Satz hatte einen wichtigen Einfluß auf die Akzeptanz der PC, wie wir noch sehen werden.

Die NASA-Studie war vom wissenschaftlichen Standpunkt allerdings in einer Hinsicht angreifbar: Es wurden nur zwei Piloten untersucht. Aber noch im selben Jahr testete das Cornell Aeronautical Laboratory 26 nicht IFR-qualifizierte Piloten und verglich die Ergebnisse mit denen von fünf IFR-Piloten. Diese Studie wurde von der NASA unterstützt, sie hatte den Titel »Flight Evaluation of a Stability-augmentation System for Light Airplanes«. Das untersuchte System entsprach praktisch dem PC-System von Mooney. Die Cornell-Studie kam zu zehn Schlußfolgerungen, deren wichtigste wie folgt lauteten:

Bei VFR-Bedingungen hat es auf das Pilotenverhalten wenig Einfluß, ob das System eingeschaltet ist oder nicht.

Bei IFR-Flügen wird das Pilotenverhalten durch das System eindeutig verbessert.

Bei Betrieb des Systems verschwindet der Unterschied zwischen dem VFR- und IFR-Flugverhalten.

Es gibt noch einen Bericht zu diesem Thema: Die 1970 von der Bunker-Ramo Corporation erarbeitete und sowohl von der FAA als auch US Air Force geförderte Studie »Flight Evaluation of a Pilot-assist Stability-augmentation System for Light Aircraft«. Im Gegensatz zur ersten NASA-Studie, die die proportional zum Hängewinkel ansteigenden Steuerkräfte als erwünscht ansah, hatten einige in der Cornell-Studie getestete Piloten starke Einwände gegen die hohen Kräfte erhoben, die man aufwenden mußte, um den stationären Kurvenflug aufrechtzuerhalten. Die Bunker-Ramo-Studie berücksichtigte diese Kritik und suchte nach einem Weg, um den Wert des Systems zu erhalten, ohne die Steuerkräfte anwachsen zu lassen.

Man schlug ein System vor, das erst ab 15 Grad Schräglage funktionieren sollte, die noch – wie schon erwähnt – im neutral-stabilen Bereich der Standard-Blindflugkurve liegt. Wenn das Flugzeug – oder der Pilot – diesen Hängewinkel überschritt, dann sollte das System voll eingreifen »wie eine Kraft-Barriere«. Aber dieses System arbeitete nicht so wie es sollte, und so blieb dieser Teil der Studie ohne Ergebnis. Doch davon abgesehen ging daraus eindeutig hervor, daß ein einfaches Stabilisierungssystem für die Querachse allein, den Blindflug für nicht ausgebildete Piloten wesentlich einfacher und sicherer macht.

Bei den wenigen, die das Problem der Instabilität seit langem begriffen hatten, mußten diese drei Studien den Eindruck erwecken, als schieße man mit Kanonen auf Spatzen: Aber der Rest der Luftfahrer nahm die Ergebnisse mit verblüffender Gleichgültigkeit auf. Nichtsdestoweniger ist die Kritik wegen des ständigen Steuer-

114

drucks beim Kurven durchaus ernstzunehmen. Und es gibt noch einen Einwand: Es gibt leider noch kein Instrument, kein Ausrüstungssystem und kein Avionikgerät, das die gleiche Zuverlässigkeit aufweist wie eine Flugzeugzelle. Der einfache Kreisel, betrieben mit Luft oder Elektrizität, das Herzstück aller Stabilisierungssysteme kommt diesem Anspruch zwar recht nahe, aber die Ausrüstungsindustrie hat es bisher noch nicht geschafft, die Zuverlässigkeit auf ein Niveau zu steigern, wie man es von der Zelle her gewohnt ist. Natürlich sind solche Geräte etwas komplexer als simples Metall, aber dies sollte von der Industrie eben als Herausforderung verstanden werden.

Zwei wichtige Diskussionspunkte sind zu berücksichtigen, wenn es um die Flügel-Stabilisationsanlage geht, einer ist technisch, der andere mehr philosophisch. Beide beziehen sich auf die zur Übersteuerung erforderlichen Handkräfte.

Wie erwähnt, beurteilte die NASA-Studie diesen Effekt positiv, aber die Anzahl der untersuchten Piloten war zu gering. Die Cornell-Studie stellte beträchtliche Kritik der Piloten fest: Abgesehen von Einwänden gegen die als unangenehm empfundenen Kräfte beim Halten der Kurvenlage kritisierten einige Piloten auch, daß das Einhalten der Nicklage schwieriger sei. Bei manchen Piloten kam es sogar vor, daß sie das Flugzeug gegen die Stabilisierungskraft bis zu einem Flugzustand zwangen, der ohne Eingreifen des mitfliegenden Sicherheitspiloten zu einem Unfall hätte führen können. Abgesehen von dem Bunker-Ramo-Konzept gab es noch einen weiteren Versuch, die Vorteile des Systems prinzipiell zu erhalten und die kritisierten Eigenschaften auszuschalten. Es war von Dr. Karl Frudenfeld vorgeschlagen worden, dem damaligen Präsidenten der Firma Brittain Industries, die das PC-System für Mooney hergestellt hatte. Die verbesserte Anlage ist sehr einfach und funktionierte gut, aber es wurde leider nicht einer breiteren Erprobung unterzogen. Daß es nie auf den Markt kam, hatte kommerzielle, nicht technische Gründe.

Dieses System war so ausgelegt, daß die Handkraft zur Übersteuerung sehr viel geringer war als beim PC. Die Funktion war zudem abhängig von der Geschwindigkeit. Man erreichte dies mit einer großen Venturi-Düse, die innerhalb der Motorhaube vereisungsgeschützt installiert war. Sie lieferte anstelle einer motorbetriebenen Vakuumpumpe den erforderlichen Unterdruck. Wenn der Pilot im Landeanflug die Fahrt zurücknahm, reduzierte sich die Servo-Kraft so weit, daß sie beim Ausschweben völlig unbedeutend wurde. Umgekehrt stieg am anderen Ende des Geschwindigkeitsbereichs die Wirksamkeit des Stabilisierungssystem an.

Was die mehr philosophische oder wissenschaftliche Seite betrifft, so scheint es, daß das Vorurteil, man müsse alle Einwände von Piloten berücksichtigen, einen ganz wichtigen Aspekt außer acht läßt. Die Studien haben einen schwachen Punkt: Alle Versuchspersonen waren ausgebildete Piloten mit all den antrainierten Reaktionen und Verhaltensweisen, wie sie in der Schulung gelehrt werden. Das ist zwar durchaus korrekt, läßt aber die große Frage unbeantwortet, wie sich Fluglaien verhalten hätten. Um dieses Problem zu lösen, müßte man zwei Gruppen von Flugschülern bilden, die noch keine Flugerfahrung haben. Die eine Gruppe müßte man mit herkömmlichen Maschinen ausbilden, die andere mit Flugzeugen, die mit einem Stabilisierungssystem ausgerüstet sind. Ein Vergleich nach exakt derselben Flugstundenzahl wäre dann sehr aufschlußreich.

Im gebräuchlichsten Transportmittel der Welt, dem Auto, gibt es eine direkte Relation zwischen Steuerkraft am Lenkrad und der Wenderate, so daß jeder Autofahrer weiß, daß die Drehung endet, wenn er die Kraft am Lenkrad wegnimmt. Die Tatsache, daß ein Flugzeug anders reagiert, bedeutet nicht notwendigerweise, daß dies besser ist: Es scheint offensichtlich zu sein, daß Leute, die an sich wissen, wie sich ein Flugzeug verhält, eine Steuerreaktion bevorzugen würden, mit der sie bereits vertraut sind. Möglicherweise würden dies auch alle Piloten akzeptieren, wenn sie erkennen würden, welche Vorteile damit für sie und ihre Passagiere verbunden wären.

Selbst wenn in erwähnten Studien durch ein Stabilisierungssystem keine bedeutenden Verbesserungen bei VFR-Flügen festgestellt würden, könnten doch auch im Sichtflug manche Vorteile zum Tragen kommen. Es reduziert die Ermüdung auf langen Flügen und es hilft beim Kurshalten, wenn der Pilot in Karten oder Handbüchern arbeitet. Unter IFR-Bedingungen ist dies ohnehin ein wesentliches Plus.

Wenn man bedenkt, wieviel Geld die FAA in zwei der zitierten

116

Studien gesteckt hat, müßte man als Optimist annehmen, daß die positiven Resultate bezüglich der Sicherheit die FAA veranlassen müßten, sich auf diese Problem zu stürzen und darauf zu dringen, daß die positive Querstabilität bei der Zulassung aller Flugzeuge (mit einigen Ausnahmen, wie Kunstflugmaschinen) zwingend vorgeschrieben wird. Es gibt aber leider keine Anzeichen, daß dies zu erwarten ist, oder daß andere Hersteller dem Mooney-Beispiel folgen.

Solange die positive Querstabilität nicht allgemein eingeführt ist, sei es durch Verordnung, Entscheidung der Hersteller, oder Wahlmöglichkeit des einzelnen Piloten, gibt es nur zwei Dinge, die jeder Fluglehrer beachten sollte: Erstens sollte man damit aufhören den Schülern weiszumachen, Flugzeuge würden von selbst fliegen und sich auch aus einer Kurve wieder automatisch aufrichten. Zweitens sollten sie, was noch viel wichtiger erscheint, die Spiralsturztendenz der Flugzeuge demonstrieren, und zwar so konsequent, daß der Schüler nicht mehr am möglichen katastrophalen Endergebnis zweifeln kann. Und wenn man dies unter VFR-Bedingungen gemacht hat, sollte es der Schüler auch unter Blindflugbedingungen unter der Haube erleben.

Diese fatalen Unfälle sind schlimm genug. Aber es gibt darüberhinaus, das sollte man nicht übersehen, viele Piloten, die das Fliegen aufgegeben haben, nachdem sie zum ersten Mal die ernüchternde Erfahrung eines Spiralsturzes – ohne katastrophalen Ausgang – gemacht haben, nachdem ihnen bei ihrem VFR-Training doch immer wieder im Ernst versichert worden war, daß das Flugzeug schon selbst imstande ist, schön geradeaus zu fliegen.

20. Fluglage plus Gasstellung = Leistung

Vor uns liegt ein alter Piloten-Lehrsatz: Der Gashebel kontrolliert die Höhe, das Höhenruder die Geschwindigkeit. Und daneben liegt ein Papier mit dem eindrucksvollen Emblem der FAA mit dem Inhalt: »Die Motorleistung kontrolliert die Geschwindigkeit, das Höhenruder die Höhe.«

Diese widersprüchlichen Thesen muß man abwägen und entscheiden, welche von beiden die wahre ist. Man muß allerdings hinzufügen, daß sich die FAA 1976 korrigiert hat und die Gashebel/Höhe-, Höhenruder/Geschwindigkeit-Position übernommen hat. Vorangegangen war jedoch eine ausufernde Diskussion zu diesem Thema. Nach alten Erfahrungen kann es passieren, daß die FAA ihre Meinung erneut ändert, so daß diese Kontroverse nicht nur akademischer Natur ist. Wir wollen also einmal versuchen, aus diesen Wortgefechten und schwammigen Ausdrücken die Wahrheit herauszufiltern.

Das Konzept für die Kontrolle der Flugzeuggeschwindigkeit das Höhenruder zu benutzen, hat seinen Ursprung in der grauen Vorzeit der Fliegerei. Und noch bis in die Zeit nach dem 2. Weltkrieg steuerten viele Piloten die Geschwindigkeit mit dem Höhenruder, die Höhe mit dem Gashebel. Zur Aufrechterhaltung der Fluglage wurden Wendezeiger, Libelle und Geschwindigkeit herangezogen. Die Piloten begannen ein neues Instrument zu entdecken: den künstlichen Horizont. Zuerst wurde er von Militär-Fluglehrern benutzt, aber auch sie brauchten einige Jahre, bevor sie erkannten, welche Vorzüge es hat, den Flug durch die Fluglage zu kontrollieren und nicht durch Leistungsanzeigen. Aber schließlich setzte sich das Konzept des IFR-Flugs nach der Fluglage durch, dessen Kernsatz »Fluglage + Gasstellung = Leistung« zum Motto der neuen Ausbildungsphilosophie wurde.

Viele Zeitgenossen dieser Ära stellen fest: »Was wir bis dahin mit

unseren Flugzeugen angestellt hatten, zwang uns die Theorie zu
ändern, um der Wirklichkeit zu entsprechen. Wenn man genau beobachtet, kann man sehen, daß die Piloten ihre Höhe mit dem Höhenruder kontrollieren, nicht mit dem Gashebel.« Und in einem
Fluglehrer-Fortbildungskurs der FAA kann man dasselbe hören:
»Das Höhenruder kontrolliert die Höhe, nicht die Geschwindigkeit. Es gibt Piloten, die sich überzeugen lassen, während andere
völlig ablehnen, was ihnen jetzt beigebracht werden sollte. Viele
weitere konnten sich nicht entscheiden. War die FAA im Begriff,
die physikalischen Gesetze zu ändern, oder wollten viele Piloten
ganz einfach ihre Gewohnheiten nicht aufgeben?
Die Wahrheit ist, daß weder das Höhenruder noch der Gashebel
für sich allein die Höhe oder die Geschwindigkeit kontrollieren.
Durch das Betätigen des Gashebels entsteht ganz einfach mehr
oder weniger Schub, während man mit dem Höhenruder zunächst
nur den Anstellwinkel der Flügel ändert. Wenn der Auftrieb eines
Flugzeugs dessen Gewicht übersteigt, dann gewinnt es an Höhe.
Und größerer Auftrieb kann sowohl durch höhere Geschwindigkeit als auch durch einen höheren Anstellwinkel erzielt werden.
Eine Geschwindigkeitssteigerung kann sich daraus entwickeln,
wenn man mehr Gas gibt oder die Nase drückt. So ziemlich als einzige genaue Feststellung kann man sagen, daß das Höhenruder die
Fluglage der Maschine kontrolliert, der Gashebel die Leistung des
Motors. Dies scheint eine triviale Sache zu sein, aber man erinnere
sich an das ehemals akzeptierte Konzept: Fluglage (Höhenruder-
betätigung) plus Gashebelstellung ergibt die Flugleistung. Nir-
gends in diesem Konzept ist aber die Rede davon, welcher Aspekt
der Leistung von welchem Kontrollorgan abhängt. Man wollte damit offensichtlich ausdrücken, daß Höhenruder und Motorleistung in bezug auf die Flugleistung zusammenwirken: Piloten der
einen oder anderen Denkrichtung, die anders argumentieren, liegen einfach falsch.
Wenn aber nirgendwo in diesem Fluglage-Konzept erläutert wird,
daß spezielle Aspekte der Leistung gekoppelt sind mit ganz speziellen Steuerorganen, warum brauchte man dann überhaupt früher diese als Forderung aufgestellte Koppelung? Ein Grund dafür
liegt darin, daß man eine handliche Regel haben wollte, um die Pi-
lotenausbildung zu beschleunigen und in verschiedenen Situatio-

nen ein wirksames Sicherheitsniveau zu garantieren. Mit ihrer jeweiligen Regel, so argumentieren die Verfechter jeder der beiden Denkrichtungen, könnten Schüler schneller und effektiver ausgebildet sowie ältere Piloten zu sichererem Fliegen veranlaßt werden. Das FAA-Argument, daß man das Höhenruder zur Kontrolle der Flughöhe betrachten soll, hat bei der Ausbildung seine Vorzüge. Man kann zeigen, daß in 99 % der Fälle, wenn ein Pilot am Höhensteuer zieht oder drückt, damit ein bestimmtes Höhenniveau erreicht oder eingehalten werden soll. Wenn man sich den Ablauf eines typischen Fluges vor Augen hält, wird der Sinn dieser FAA-Regel ganz klar. Sowohl der Reiseflug als auch der Instrumentenanflug sind zwei Beispiele, die zeigen, daß das Höhenruder in der Tat dazu benutzt wird, um die Flughöhe zu verändern, während der Gashebel zur Geschwindigkeitsregelung benutzt wird. Wenn die Flugsicherung eine Reduzierung der Geschwindigkeit verlangt, greift ein Pilot zum Gashebel, nicht zum Höhensteuer, so daß die Ansicht der FAA durch die Realität bestätigt wird: »So wird wirklich geflogen, es ist also auch die beste Lehrmethode.«

Die Verfechter des anderen Konzepts (»das Höhenruder kontrolliert die Geschwindigkeit«) haben Gegenargumente parat: Wie sieht es beim Start aus, oder bei Triebwerksausfall – oder in einem Segelflugzeug?« Die FAA setzt dagegen: »Das Konzept ist immer dann gültig, wenn eine variable Antriebsleistung zur Kontrolle der Geschwindigkeit zur Verfügung steht. Das trifft in den meisten Fällen zu, so daß es das beste Ausbildungskonzept darstellt. Wenn die Motorleistung nicht zur Verfügung steht oder nicht veränderbar ist, dann muß der Pilot natürlich auf das Höhenruder zur Konrolle der Geschwindigkeit zurückgreifen.«

»Und wie steht es mit dem Trudeln?« kontern die Gegner. »Das ist eine unnormale Situation«, so die Antwort, »und unser Konzept dient in erster Linie der Ausbildung.« Das klang schon wie eine etwas schwache Argumentation. »Die Kontrolle der Geschwindigkeit mit dem Höhenruder ist sicherer, weil sie auch dann immer funktioniert, wenn sich die Höhe ändert.« »Aber wir fliegen doch nicht so, indem wir die Geschwindigkeit mit dem Höhenruder kontrollieren, also warum sollten wir diese Methode lehren?« »Weil sie sicherer ist!« »Aber die Schulung wird damit schwieriger!«

120

Beide Methoden sind falsch. Der Denkfehler liegt darin, daß es eine Verbindung zwischen Höhenruder und Gashebel sowie zwischen Geschwindigkeit und Flughöhe gebe. Man hat dabei übersehen, wie die Piloten in Wirklichkeit fliegen: Sie kontrollieren mit dem Höhenruder entweder die Geschwindigkeit oder die Höhe. Das hängt ganz von der jeweiligen Situation ab: Während des Starts will man schnell an Höhe gewinnen, aber noch wichtiger ist das Einhalten der richtigen Geschwindigkeit – und diese wichtige Aufgabe wird mit dem Höhenruder durchgeführt. Im Reiseflug soll dann eine konstante Flughöhe eingehalten werden, und auch diese Rolle wird vom Höhenruder übernommen. Normale Sinkflüge werden zunächst durch eine entsprechende Reduzierung der Motorleistung eingeleitet, dann hält man wieder mit dem Höhenruder eine bestimmte Geschwindigkeit oder Sinkrate ein. Ein Pilot hat abwechselnd auf seine Geschwindigkeit und Höhe zu achten, es bleibt aber dabei, daß er dies immer mit dem Höhenruder machen wird. Die FAA-Analyse, daß die Piloten 99 % ihrer Zeit damit verbringen, ihre Höhe mit dem Höhenruder zu kontrollieren, ist richtig, denn in der Realität der Fliegerei ist die Einhaltung der Höhe wichtiger als die Einhaltung der Geschwindigkeit. Wir fliegen exakt in 8000 Fuß, aber die Geschwindigkeit spielt dabei eine untergeordnete Rolle.

Fliegen bedeutet eine abgestimmte Kontrolle von Fluglage (Höhenruder) plus Motorleistung (Gashebelstellung). Das beste Mittel ist auf jeden Fall das Höhenruder, da die exakte Regelung der Motorleistung sehr schwierig ist. Diese These betrifft auch eine andere Legende, die das Fliegen in Strahlflugzeugen umrankt. Da ein Jet-Triebwerk auf Gashebelstellungen relativ träge reagiert (wegen der großen Drehzahländerungen), benutzen die Piloten ohnehin viel öfter das Höhenruder.

Die FAA hat recht, wenn sie behauptet, daß man Flugschüler am besten so ausbildet, wie sie später wirklich fliegen. Man sollte das Thema nicht mit künstlichen Techniken komplizieren. Wichtig bleibt die Tatsache: Der Gashebel ist ein wichtiges Hilfsmittel, geflogen wird aber mit dem Steuerhorn.

Wenn man den Piloten beibringt, die wichtigsten Leistungsanforderungen mit dem Höhenruder zu kontrollieren, dann können sie sich auf das empfindlichste, genaueste und zuverlässigste Bedien-

element im Cockpit verlassen, es steht für alle aktuellen Kontroll-
probleme zur Verfügung. Ob es sich um das Überziehen handelt
oder um das Beenden des Trudelns, um den Reiseflug oder den
IFR-Anflug – alle diese Aufgaben werden am besten mit der Steuerung erledigt – sie liegt buchstäblich in der Hand des Piloten.

21. Ungünstige Winde . . .

Wenn die Winterstürme heulen, werden viele Flugzeuge verbogen. Das ist nicht nur unangenehm, sondern auch vermeidbar, denn selbst die kleinsten Maschinen verhalten sich in starken Bodenwinden recht gut, wenn man sie richtig behandelt. Eine Bugradmaschine kann sich aber nach einer Mißhandlung selbst bei mäßigem Wind überschlagen, und das wäre zu vermeiden, wenn der Pilot die wichtigsten Grundlagen des Rollens bei Wind beachtet hätte. Die Handbücher enthalten oft eine Darstellung mit den korrekten Ruderausschlägen, die bei jeder der vier Windrichtungen anzuwenden sind. Wenn der Wind beispielsweise von rechts hinten kommt, soll man rechts Querruder geben, um das Anheben des rechten Flügels zu unterdrücken. Im allgemeinen wird vom Tower zu vorsichtigem Rollen gemahnt und zu besonderer Vorsicht beim Kurven in den Wind. Der Bremslauf sollte mit dem Wind genau auf der Nase durchgeführt werden. Auch Tiefdecker können sich überschlagen – das ist kein für Hochdecker reservierter Sport –, so daß diese Verhaltensregeln prinzipiell für alle gelten.

Wo liegt die maximal zulässige Windgeschwindigkeit für das Rollen von Leichtflugzeugen? Die Antwort auf diese Frage variiert ebenso wie der Wind. Es gibt Leute, die verzurren ihre Maschinen schon bei 25 Knoten Wind und flüchten in die Kneipe. In Kansas, wo es sehr kräftige Winde gibt, hält man 25 Knoten für eine leichte Brise. Die meisten Leichtflugzeuge werden erst bei 35 Knoten unruhig, und schwerere Maschinen verkraften sogar 50 Knoten, vorausgesetzt der Pilot verhält sich entsprechend. Eine Cessna Skylane kann noch bis zu Windgeschwindigkeiten von 45 Knoten beherrscht werden, aber man darf dabei nur sehr langsam und vorsichtig rollen. Manchmal aber braucht man eine Hilfsperson, um die Flügelspitzen bis zur Startposition festzuhalten.

Bei Start und Landung treten keine großen Probleme auf, solange sich die Windstärke unterhalb der Roll-Limits bewegt und in Richtung der Piste bläst. Seitenwind jedoch erfordert große Aufmerksamkeit. Die häufigste Ursache für mißratene Seitenwindstarts ist ein zu frühes Abheben. Ein Pilot tendiert beim Start in starkem Seitenwind dazu, das Rollen möglichst schnell zu beenden und in die Luft zu kommen. Wenn es Probleme mit der Richtungshaltung gibt, wird er versuchen, so schnell wie möglich vom Boden wegzukommen. Sobald die Nase angehoben wird und die Flügel beginnen, Auftrieb zu erzeugen und das Fahrwerk entlasten, dann kommt der Seitenwind erst richtig zur Geltung: Er will die Maschine von der Piste drücken. Dieses Abdriften versucht der Pilot natürlich dadurch zu beenden, daß er abhebt (besser wäre es, mit der Steuerung dem Seitenwind entgegenzuwirken). Kaum hat sich das Flugzeug vom Boden gelöst, driftet es noch schneller ab. Wenn nun das Flugzeug in diesem Moment nochmal durchfällt oder überzogen wird, weil vielleicht der Wind kurzzeitig nachläßt oder einfach weil man aus dem Bodeneffekt herauskommt, dann berührt es den Boden mit einer erheblichen Seitenkomponente – die Folgen können fatal werden. Im Handbuch ist nachzulesen, daß man bei Seitenwind mit etwas höherer Geschwindigkeit abheben sollte, so daß man dann auch wirklich oben bleibt.

Wenn man nach einem Seitenwindstart das beste Steigen erzielen will, muß man in den Wind hineinkurven (falls die Hindernisfreiheit dies erlaubt). Das überrascht zunächst, denn ein Flugzeug bewegt sich in der umgebenden Luft ohne Rücksicht auf den Wind. Aber es gibt Ausnahmen. Die Windstärke nimmt im allgemeinen mit der Höhe zu, und dieser Zuwachs kann in geringeren Höhen besonders groß sein. Wenn man also in einen Wind hineinsteigt, der mit der Höhe immer stärker wird, kann man schneller steigen, weil die Geschwindigkeit des Flugzeugs gegenüber der Luft anwächst. Umgekehrt verliert man beim Steigen mit dem Wind entsprechend. Bei Starts in bergigen Gegenden ist es ratsam, sich das Gelände genau anzusehen, um festzustellen, wo die Auf- und Abwinde zu vermuten sind, so daß man offensichtliche Abwindgebiete meiden kann (Aufwinde entstehen an der Luvseite, Abwinde an der Leeseite von Hügeln und Bergen). Die Probleme bei Seitenwindlandungen werden von grundlegenden Fehlern verursacht: Verkorkste Platzrundeneinteilung und Übergeschwindigkeit im

124

Anflug. Probleme in der Platzrunde entstehen durch den starken Rückenwind im Queranflug: Viele Piloten überschießen die Kurve zum Endanflug wegen der hohen Geschwindigkeit über Grund, die ihnen eine entsprechende Geschwindigkeit gegenüber der Luft vorgaukelt. Dann ziehen sie zu eng herum, um wieder auf Landekurs zu kommen, überziehen dabei die Maschine und geraten ins Trudeln. Vorbeugend sollte man zum Queranflug weit ausholen, und es kann auch nicht schaden, den Endanflug etwas länger anzulegen.

Im Endanflug sollte man zu der normalerweise benutzten Geschwindigkeit die über der konstanten Windgeschwindigkeit liegende Böengeschwindigkeit hinzurechnen: Wenn ein Wind von 30 Knoten in Böen auf 50 Knoten auffrischt, sollte also 20 Knoten schneller angeflogen werden. Eine zu hohe Geschwindigkeit im Endanflug dagegen läßt sich kurz vor der Landung nur schwer abbauen und führt dazu, daß man das Flugzeug auf die Piste zwingen will: Das Ergebnis sind Bugradlandungen und Verlust von Richtungskontrolle, was mit Beschädigungen am Bugfahrwerk, am Propeller und an den Randbogen enden kann. Ein Bugrad-Flugzeug kann nur dann auf der Piste kontrolliert werden, wenn die Haupträder ausreichend belastet sind, was bei hohen Landegeschwindigkeiten kaum zu erwarten ist. Ein Aufsetzen mit dem Hauptfahrwerk zuerst ist im allgemeinen leichter, wenn die Klappen eingefahren bleiben. Das bedeutet eine höhere Anfluggeschwindigkeit, zusätzlich zur Berücksichtigung der Böen. Dabei ist im Auge zu behalten, daß die Ausrollstrecke natürlich entsprechend länger wird.

Wenn sich ein Pilot in der Platzrunde etwas Zeit läßt und die Umklammerung des Steuerhorns bewußt löst, so daß die weißen Knöchel wieder Farbe bekommen, werden Anflug und Landung auf jeden Fall besser ausfallen. Mit Flugzeugen soll man fliegen, nicht kämpfen, und eine Seitenwindlandung sollte nicht zu einem Ringkampf werden.

Bodenhindernisse in der Umgebung des Flugplatzes können bei heftigem Wind schwierige Verhältnisse verursachen. Hangars oder Bäume westlich einer Nord-Süd-Piste beispielsweise, können einen starken Westwind so sehr verwirbeln, daß es im Endanflug Probleme geben dürfte. Deshalb empfiehlt es sich, die Platzverhältnisse von oben genau zu analysieren, um für Überraschungen vorbereitet zu sein.

Starke Winde können auf der Strecke zum Problem werden – vor allem wenn man über hügeligem Gelände fliegt: Die Turbulenzen sind beachtlich und müssen ernst genommen werden. Die Stärke der Turbulenz wird bestimmt von der Höhenänderung des Terrains und der Stärke des Windes, am unangenehmsten sind die Turbulenzen in Leegebieten hügeligen Geländes. Auch wenn der Gegenwind in größeren Höhen meist stärker ist, sollte man aus den Turbulenzen heraussteigen.

Wer sich dennoch dazu entschließt, in geringer Höhe weiterzufliegen, wird mit Sicherheit durch äußerst unkomfortablen Flug deutlich gewarnt, bevor die Turbulenz die Strukturfestigkeit des Flugzeugs gefährdet. Nur selten tritt starke Turbulenz so plötzlich auf, daß strukturelle Schäden entstehen. Wenn man die Fahrt reduziert, hilft das nicht nur dem Komfort, sondern auch dem Flugzeug: Geringere Geschwindigkeit bedeutet weniger Belastung. Die Manövergeschwindigkeit ist das Limit für die Festigkeit eines Flugzeugs: Es ist dringend anzuraten, bei Turbulenz höchstens mit dieser Geschwindigkeit zu fliegen. Und man darf nicht vergessen, daß mit sinkendem Gewicht die optimale Geschwindigkeit bei Turbulenz geringer wird, denn je leichter ein Flugzeug, desto mehr wird es von Böen beansprucht. Wenn man in ruhiger Luft seinen Reiseflug beendet hat, sollte man beim Sinkflug nicht einfach drücken und die Geschwindigkeit anwachsen lassen. Denn in geringeren Höhen könnte man in Turbulenzen geraten, die man nicht im gelben Bereich des Fahrtmessers durchfliegen sollte. Wenn mäßige Turbulenz zu erwarten ist, sollte man vorher die Geschwindigkeit bis zum grünen Bereich reduziert haben.

Die Winterstürme bringen kaltes Wetter mit, dann wird es Zeit, das Öl entsprechend zu wechseln, die Heizanlage zu überprüfen, die Kaltstart-Verfahren wieder mal nachzulesen, vor dem Start das Flugzeug jedesmal sorgfältig von Schnee und Eis zu befreien und besonders solche Stellen genau zu überprüfen, an denen sich Wasser sammeln und zu Eis gefrieren kann – beispielsweise am Spinner.

22. . . . und Querwinde . . .

Jeder Pilot muß sich gelegentlich mit widrigem Wind zurechtfinden, der in mehr oder weniger großem Winkel zur Piste bläst. Das ist eine Herausforderung an das fliegerische Können. Ein Flugzeug unabhängig von den Windverhältnissen einigermaßen sauber zu landen und sicher zu rollen ist eine Technik, die man lernen und üben kann.

Das Problem ist ganz einfach: Ein Flugzeug verhält sich wie ein Teil der Luft, in der es sich bewegt. Man könnte es mit einem Fisch vergleichen, der ungerührt in einem Aquarium herumschwimmt, das kreuz und quer spazierengetragen wird. Die Geschwindigkeit des Fisches im Wasser entspricht der wahren Fluggeschwindigkeit eines Flugzeugs, während der Kurs und die Geschwindigkeit über Grund von der Geschwindigkeit und Richtung des Mannes mit dem Aquarium, oder des Windes, beeinflußt wird. Das alles wäre ziemlich akademisch, wenn man nicht irgendwann einmal landen müßte. Selbst die robustesten Fahrzeuge sind so gebaut, daß sie nur vorwärts oder rückwärts fahren, nicht aber seitwärts. Flugzeuge sind in einer noch schwierigeren Situation, weil die Dreirad-Anordnung des Fahrwerks zu einer gewissen Instabilität neigt. Als Bodenfahrzeug bewegt sich ein Flugzeug ähnlich wie ein Ski-Anfänger: Solange alles nach Wunsch verläuft, geht die Sache ganz gut. Aber das ändert sich schlagartig, wenn der Tower einen Wind aus 340° mit 20 Knoten meldet, und man muß auf die Landebahn 27 herunter. Dann muß der Pilot in der Lage sein, seinen »Luft-Fisch« bis zum Moment des Aufsetzens in seiner Seitwärtsbewegung zu stoppen.

Es gibt grundsätzlich drei Methoden dafür – schieben, slippen oder beides kombiniert. Das Schieben bedeutet ganz einfach, nach einer anderen Richtung zu ziehen als man fliegen will. Der Pilot richtet das Flugzeug beim Gegenanflug, Queranflug und Endteil mehr oder weniger vom Kurs weg in den Wind, und erst ganz kurz vor dem Aufsetzen richtet er die Maschine in die Landerichtung aus, indem er mit dem Seitenruder aus dem Wind dreht und gerade so viel Gegen-Querruder gibt, daß die Flügel waagerecht bleiben. Dann zeigt das Flugzeug wenige Zentimenter über dem Boden genau in die Richtung seiner Bewegung. Bevor man sich nun selbst auf die Schulter klopft, sollte man aber am besten schon am Boden sitzen, sonst hat der Wind immer noch Gelegenheit, das Flugzeug wieder seitwärts zu schieben. Zum genau richtigen Zeitpunkt das Schieben zu beenden, ist außerordentlich schwierig, da sich Wind und Turbulenz nie ganz genau berechnen lassen. Deshalb wird diese Methode nur sehr selten angewandt und wer es einmal versucht hat, läßt gerne wieder die Finger davon.

Aber auch die zweite Methode, das Slippen, scheint auf den ersten Blick verrückt zu sein. Das Prinzip besteht darin, den vom Flügel erzeugten Auftrieb dazu zu benutzen, um dem Abdriften des Flugzeugs entgegenzuwirken. Wenn man den Windeinflüssen durch Veränderung der Auftriebskomponente entgegenwirken kann (das ist nur eine umständliche Umschreibung des Rollens um die Längsachse), dann beendet das Flugzeug seine Seitwärtsbewegung.

Zunächst muß man natürlich darauf achten, daß das Flugzeug dabei nicht dreht, wozu es beim Hängen eines Flügels eigentlich neigt. Dazu muß man Gegenseitenruder geben – die Ruder werden also gekreuzt. Diese Slip-Methode wird in ihrer Wirksamkeit aber durch zwei Faktoren begrenzt. Die Dimensionen des Flugzeugs gehören dazu, denn der maximale Hängewinkel darf nicht größer sein als der Winkel zwischen Rad und Randbogen, sonst streift man mit dem Flügel auf, bevor das Fahrwerk den Boden berührt. Ein Hochdecker verträgt also höhere Hängewinkel als ein Tiefdekker. Und zweitens hat das Seitenruder nur eine begrenzte Fähigkeit, die Nase des Flugzeugs geradeaus zu halten, wenn ein Flügel hängt. Wenn das Seitenruder am Anschlag steht, ist der größtmögliche Slipwinkel erreicht. Bei den meisten einmotorigen Flugzeugen wird dieser Zustand erreicht, bevor der Flügel in die Gefahr einer Bodenberührung gerät.

Zweimotorige Maschinen (mit Ausnahme der Cessna Skymaster mit ihrem push-pull-Antrieb) sind bei Seitenwind flexibler, weil der Pilot auch die asymmetrische Triebwerksleistung dazubenutzen kann, um die Seitenruderwirkung zu unterstützen. Damit kann man die Grenzen des Hängewinkels voll ausnutzen. Die stärksten Seitenwindkomponenten kann man mit zweimotorigen Hochdeckern mit breitspurigem Fahrwerk bewältigen, während Tiefdecker mit schlechter Seitenruderwirkung nur mit geringen Seitenwinden fertig werden. Aber trotz mancher Einschränkungen ist das Slippen der Schiebetechnik fast immer überlegen, weil man nicht von einem zeitmäßig perfekten Einsatz des Seitenruders abhängig ist. Trotzdem werden reine Slip-Landungen nur selten durchgeführt.

Es ist ziemlich müßig, darüber zu diskutieren, wann eine Seitenwindlandung eigentlich beginnt – im Gegenanflug, beim Eindrehen vom Queranflug zum Endteil oder einen Kilometer vor der Schwelle. Das Slippen allein hilft dabei nicht weiter. Natürlich könnte man auch im Reiseflug einen Flügel hängen lassen, um den Seitenwindeinfluß auszuschalten, aber das wäre offensichtlich eine verrückte Methode. Denn gekreuzte Ruder führen zu aerodynamischen Nachteilen, zudem ist dieser Flugzustand ziemlich unbequem. Erstens verliert man dabei Auftrieb, zweitens erzeugt man unnötigen Widerstand und drittens müssen sich alle Passagiere entgegen den Hängewinkel lehnen. Dazu kommen auch noch fehlerhafte Fahrtanzeigen, so daß man den Slip-Zustand so kurz wie möglich halten sollte. Aus all diesen Gründen wird bei Seitenwind meistens eine Kombination von Schieben und Slippen benutzt.

Im Gegen- und Queranflug sowie im ersten Teil des Endanflugs sollte man zunächst schiebend fliegen. Einige Piloten beginnen dann schon ziemlich weit draußen in den Slip überzugehen, um bis zur Landung einen stabilen Flugzustand einhalten zu können. Aber diese Methode hat einen Haken: Die Windverhältnisse in drei Kilometern vor der Schwelle und in 300 m Höhe sind ganz anders als an der Schwelle. Der Hängewinkel und Seitenruderausschlag muß während des Sinkflugs deshalb immer wieder korrigiert werden. Je erfahrener ein Pilot ist, desto länger kann er den Schiebewinkel beibehalten, bevor er dazu übergeht, den Flügel hängen zu lassen, um eine schiebefreie Landung zu erzielen. Piloten mit weniger Erfahrung sollten auf jeden Fall früher diesen Übergang einleiten (sie haben dann mehr Zeit, um die Wirkung der gekreuzten

Ruder zu beobachten), aber man sollte auch nicht die Auswirkungen eines Slips auf die Passagiere vergessen.

Über die Wahl der Anfluggeschwindigkeit und die Benutzung der Landeklappen wird viel diskutiert, nur so viel ist sicher: Ein Flugzeug sollte in erster Linie nach seiner Fluglage und Motorleistung geflogen werden, da die Geschwindigkeitsanzeige meist nicht allzu genau ist. Obwohl im Slip-Zustand die Überziehgeschwindigkeit höher liegt, braucht man sich nicht unbedingt danach zu richten, weil man wegen der Turbulenz ohnehin etwas schneller anfliegt. Beim Landen muß man dann zwar mit einer etwas längeren Rollstrecke rechnen, aber dieses Geschwindigkeits-Plus sorgt dafür, daß man einigermaßen stabil fliegt, auch wenn man mit Quer- und Seitenruder arbeiten muß.

Voller Klappenausschlag kompliziert die Landung insofern, als die Maschine dabei etwas kopflastig wird, und das ist beim Ausschweben von Nachteil. Da sich bei starkem Wind die Geschwindigkeit über Grund reduziert, kann man mit vollen Klappen die Verhältnisse in Bodennähe nur schwer abschätzen. Es ist meistens besser, etwas schneller ohne Klappen anzuschweben, so daß die Fluglage der Maschine leichter zu beherrschen ist.

Es ist schwer zu sagen welchen Hängewinkel man wählen soll. Am besten versucht man den Flügel allmählich so weit zu senken, bis das Abdriften der Maschine beendet wird. Gleichzeitig vergrößert man den Seitenruderausschlag so, daß die Flugzeugnase parallel zur Landebahn bleibt: Wenn die Nase ins Lee zeigt, hat man zuviel Seitenruder, zeigt sie in den Wind hat man zuwenig. Wenn der Rumpf auf die Landebahn ausgerichtet ist, das Flugzeug jedoch gegen den Wind driftet, ist der Hängewinkel zu groß. Treibt die Maschine mit dem Wind ab, muß man etwas mehr Querruder gegen den Wind geben.

Bei der Landung selbst sollte man das dem Wind zugewandte Rad, zuerst aufsetzen lassen. Aber es kann problematisch werden, die anderen beiden Räder auf den Boden zu bringen, denn bevor das Bugrad die Piste berührt, muß man die Seitensteuerung zentrieren, vor allem in Flugzeugen, bei denen Seitenruder mit der Bugradsteuerung verbunden ist. Mit solchen Maschinen sind Seitenwindlandungen besonders schwierig.

Es hat manche dramatische Beispiele dafür gegeben, daß Seiten-

130

windlandungen erst dann erfolgreich zu nennen sind, wenn man den Hangar erreicht hat. Wenn die Maschine fest auf dem Boden rollt, nimmt die Reibung der Reifen zwar die Seitwärts-Tendenz der Maschine auf, aber man sollte diesen Effekt durch ständigen Querruderausschlag in den Wind und Gegenseitenruder noch unterstützen. Die stärksten Seitenwinde treten auf, wenn eine Front den Flugplatz passiert, oder bei Ausbruch eines Gewitters, und je mehr die Piste von Wasser bedeckt ist, desto schwieriger wird es, das Flugzeug beim Rollen genau geradeaus zu halten. Auch die Bremswirkung läßt dann erheblich nach, so daß die Kontrolle noch viel problematischer wird. In dieser Situation bleibt nichts anderes übrig, als zur Schiebe-Methode zurückzukehren und die Nase etwas in den Wind zu drehen – ein Manöver, bei dem allerdings das Fahrwerk und die Nerven sehr stark in Mitleidenschaft gezogen werden.

Es gibt viele Möglichkeiten, beim Ausrollen Fehler zu korrigieren. Sie reichen von entschlossenem Durchstarten bis zum halbkontrollierten Ringelpietz, aber sie funktionieren nicht immer. Am wichtigsten ist wohl, bei schwierigen Seitenwindlandungen starke Steuerausschläge oder Leistungsänderungen des Triebwerks zu vermeiden. Massiv auf die Bremsen zu steigen ist fast immer falsch, aber auch ein zu später Entschluß zum Durchstarten kann gefährlicher sein als von der Piste zu rutschen.

In der täglichen fliegerischen Routine können Seitenwindlandungen zu schwierigsten Manövern werden. Unabhängig von der angewandten Technik unterscheiden sich dabei die Könner von den Stümpern.

23. ... und das Kurven aus dem Wind

Daß die Erde eine Kugel ist, wird inzwischen fast von der ganzen Menschheit anerkannt, aber das Kurven in oder aus dem Wind regt immer noch zu heißen Diskussionen an. Ganze Generationen von Piloten konnten diese Frage nicht klären, trotzdem soll hier nochmal ein Versuch dazu gemacht werden.

Das Argument, daß das Kurven aus dem Wind gefährlicher sei als umgekehrt, stammt von der falschen Annahme, daß die kinetische Energie immer auf den Boden bezogen wird. Wenn dies zutreffen würde, hätte ein Flugzeug, das mit Rückenwind fliegt, natürlich mehr Energie als eines, das gegen den Wind fliegt, denn bezogen auf die Erdoberfläche ist es schneller. Ein Flugzeug, so wird weiter argumentiert, verfügt über zwei Arten von Energie: Die aus der Bewegung von Massen stammende kinetische Energie und die potentielle Energie, die von der Höhe einer Masse über der Erdoberfläche abhängt. Wenn man also gegen den Wind fliegt, hätte man wenig kinetische Energie und ein bestimmtes Maß an potentieller Energie, abhängig von der Flughöhe. Nach einer 180°-Kurve fliegt man mit dem Wind, die Geschwindigkeit über Grund steigt an, aber da die Flughöhe konstant bleibt, stellt sich die Frage, woher die zusätzliche kinetische Energie kommt. Vom Triebwerk, das das Flugzeug auf die ursprüngliche Geschwindigkeit beschleunigt, nachdem man zunächst an angezeigter Geschwindigkeit verloren hat. Das Triebwerk hat jedoch nur eine bestimmte Leistung, kann also nur eine bestimmte Beschleunigung produzieren. Wenn man schnell genug kurvt, hat das Triebwerk also nicht genug Zeit, um die Geschwindigkeit wieder aufzubauen, so daß man, um die Fahrt zu halten, mit Höhenverlust bezahlen muß (damit tauscht man potentielle gegen kinetische Energie). Bewegte man sich vorher nur wenig über der Mindestgeschwindigkeit, würde man somit überziehen. Ist man zu tief, müßte man mit einem Bruch rechnen.

132

Wer diese Beweisführung für ganz logisch hält, der hat den wichtigsten Grundsatz des Fliegens nicht begriffen – nämlich den der Bewegung eines Flugzeugs in der Luft. Als Entschuldigung kann eigentlich nur gelten, daß diese Zusammenhänge in der Ausbildung meist nur sehr dürftig erklärt werden – und selbst die meisten Fluglehrer haben sie noch immer nicht begriffen.

Das grundlegende Gesetz der Bewegung in der Luft sagt aus, daß das Flugzeug von konstantem Wind nicht beeinflußt wird, unabhängig davon wie stark er ist: Ein Sturm mit 150 km/h ist genauso wie eine totale Flaute. Nur wenn man sich dem Boden nähert, spielt der Unterschied eine Rolle: Bei 150 km/h starkem Sturm landet man natürlich besser gegen den Wind. Aber was die Bewegungen in der Luft betrifft, spielt die Windgeschwindigkeit überhaupt keine Rolle. Das liegt einfach daran, daß die Energie eines Flugzeugs nur auf die umgebende Luft bezogen wird, nicht auf die Erdoberfläche. Ein Flugzeug, das gegen den Wind fliegt, hat genau dieselbe Energie als ein anderes, das sich bei gleicher angezeigter Geschwindigkeit mit Rückenwind bewegt. Und sie können beide in jeder Richtung scharf kurven, ohne daß die Piloten aus dem Verhalten ihrer Flugzeuge auf die Windrichtung schließen könnten.

Man kann diese Situation mit einem Mann vergleichen, der auf dem Deck eines Ozeandampfers entlang läuft. Glaubte man den eingangs aufgeführten Argumenten, dann würde sich seine Energie auf die See beziehen, nicht auf das Schiff. Wenn er nun, zuerst in Richtung Bug läuft, plötzlich umkehrt und dann an einen Pfosten stößt – wäre die Beule dann geringer als wenn das Malheur beim Laufen in umgekehrter Richtung passiert wäre? Wer immer noch glaubt, die kinetische Energie bezöge sich auf die See, der müßte also folgerichtig beim Laufen gegen die Schiffsbewegung keine Energie haben und dürfte auch keine Beule bekommen, wenn er an den Pfosten knallt. Ein anderes Beispiel: Ein Flugzeug fliegt in bestimmter Höhe gegen den Wind, dessen Stärke genau der angezeigten Geschwindigkeit entspricht, so daß die Geschwindigkeit über Grund gleich Null ist. Dann zieht der Pilot hoch: Er gewinnt Höhe und verliert Fahrt. Die potentielle Energie steigt, aber woher kann sie kommen, wenn das Flugzeug gar keine kinetische Energie gehabt hat? Oder hat es jetzt gar eine negative kinetische Energie, was immer das auch sein mag?

Kehren wir zur Realität zurück: Wenn man die kinetische Energie in bezug auf die Luft und nicht auf die Erdoberfläche mißt, stellt man sehr schnell fest, daß man genau im Einklang mit den eigenen fliegerischen Erfahrungen ist: Selbst mit stehendem Triebwerk verliert ein Flugzeug beim Drehen aus dem Wind nicht mehr an Höhe als beim Kurven in den Wind. Man kann das an einem Tag mit einer Windstärke von 30 bis 40 Knoten in 2000 m Höhe ganz gut demonstrieren, indem man eine Reihe von Vollkreisen dreht und beobachtet, ob man Höhe verliert, wenn der Wind von hinten kommt. Um das Experiment noch genauer zu gestalten, kann man die Motorleistung so weit reduzieren, daß sie gerade für die Aufrechterhaltung des Horizontalfluges ausreicht. Dann steht keine Extraleistung zur Beschleunigung zur Verfügung, selbst wenn das Flugzeug in der Kurve langsamer werden sollte. Nur zum Ausgleich der g-Belastung in der Kurve braucht man zusätzlich etwas Gas, aber diese Leistung bleibt konstant stehen und hängt nicht von der Windrichtung ab.

Wenn man nun verstanden hat, daß ein Flugzeug in der Luft und völlig ohne Bezug auf die Erdoberfläche fliegt, läßt man sich jedoch leicht zu einer anderen Täuschung verleiten, nämlich daß ein Flugzeug als Teil der Luftmasse zu betrachten sei. Daraus würde folgen, daß ein Flugzeug mit geringer oder gar keiner Geschwindigkeit über Grund gegen starken Wind fliegend auch dann weiterfliegen würde, wenn der Wind plötzlich aufhören würde. Das ist nicht der Fall: Es würde vielmehr zunächst absacken, und dann wieder abfangen, falls die Flughöhe dazu aussreicht.

Denn die Tatsache, daß ein Flugzeug sich in bezug auf die Luft bewegt, heißt keinesfalls, daß es ein Teil der Luft ist: Es ist eine eigene Masse mit einer viel höheren Dichte als die Luft. Wir haben bei allen vorangegangenen Beispielen immer ruhige, konstante Windverhältnisse vorausgesetzt. Falls die Änderungen der Windgeschwindigkeit überlagert werden, kann man sie am Fahrtmesser registrieren. Da das Flugzeug eine höhere Dichte als die Luft hat und so geformt ist, daß es Lufteffekten möglichst wenig Widerstand entgegensetzt, reagiert es auf Änderungen der Windgeschwindigkeit sehr langsam. Kommen wir auf das Beispiel mit dem Ozeandampfer zurück: Wenn er auf Grund läuft, werden die Passagiere zu Boden fallen, weil sie nicht fest mit dem Schiff verbunden sind

134

und sich aufgrund der Massenträgheit weiterbewegen, selbst wenn das Schiff plötzlich stoppt. Auch das Flugzeug ist nicht fest mit der Luft verbunden und wenn sich die Windgeschwindigkeit plötzlich ändert, tendiert es dazu, seine Geschwindigkeit über Grund beizubehalten – aber nicht, weil die Erdoberfläche irgendeinen Effekt auf das Flugzeug hätte, sondern weil sie ebenso wie das Flugzeug, nicht starr mit der Luft verbunden ist.

Normalerweise flaut der Wind nicht schlagartig ab. Aber er kann seine Geschwindigkeit schnell ändern, es entsteht Turbulenz, und damit haben wir uns schon befaßt, als wir zur Anfluggeschwindigkeit einen Sicherheitszuschlag gemacht hatten. Damit beugt man einer Annäherung an die Überziehgeschwindigkeit vor, falls der Wind plötzlich nachlassen sollte.

Es gibt aber in der Tat einen Faktor, der das Kurven aus dem Wind gefährlicher machen kann als das Eindrehen in den Wind. Angenommen, ein Flugzeug habe eine Überziehgeschwindigkeit von 90 km/h, die angezeigte Geschwindigkeit sei 130 km/h bei einem Gegenwind von 20 km/h, in Böen bis 45 km/h. Selbst wenn der Wind schlagartig aufhören sollte, bleibt die Flugfähigkeit erhalten. Aber wenn man bei relativ ruhigem Wind von 20 km/h mit 130 km/h aus dem Wind kurvt und nun plötzlich von hinten eine Böe von 45 km/h kommt, dann geriete man zumindest kurzzeitig in einen überzogenen Flugzustand. Es handelt sich zwar um eine unwahrscheinliche Situation, aber es ist ein gutes Beispiel, weil es Gelegenheit bietet, gleich in beide Denkfehler zu verfallen – in den von der Gefährlichkeit des Drehens aus dem Wind und in den zweiten von der Sache mit dem plötzlich aufhörenden Wind. Wenn man diesen Vorgang einmal richtig durchdacht hat, und zum korrekten Ergebnis gekommen ist, dann versteht man mehr von der Beziehung zwischen Wind und Flugzeug als die meisten Leute. Dann wird auch verständlich warum der Sicherheitszuschlag zur Anfluggeschwindigkeit bei Turbulenz im Gegenanflug noch wichtiger sein kann als bei Gegenwind im Endteil.

Wenn das ganze Gerede von den angeblich so gefährlichen Kurven aus dem Wind nur auf einer Täuschung beruht, warum glauben dann immer noch so viele Piloten daran? Dafür gibt es verschiedene Gründe: Erstens glaubt man an das, was man glauben will, und findet auch irgendwelche Beweise dafür. Wenn immer wieder behauptet wird, Kurven aus dem Wind sei in geringer Höhe und bei geringer Fahrt gefährlich, dann ist schlichtweg festzustellen: Jede Kurve mit geringer Fahrt in geringer Höhe ist prinzipiell gefährlich. Das Kurven aus dem Wind in geringer Höhe reduziert allerdings den Steigwinkel eines Flugzeugs, so daß der Eindruck eines Leistungsverlustes entstehen kann. Viele Kurven aus dem Wind folgten einem Triebwerkausfall beim Start und endeten in einer Katastrophe. Aber nicht wegen des Kurvens aus dem Wind, sondern weil die Kurve ohne Leistung, in geringer Höhe und bei ungenügender Geschwindigkeit geflogen wurde. Und die Kollision mit einem Hindernis, oder der Aufprall am Boden ereignet sich nach einer Kurve aus dem Wind natürlich mit höherer Übergrundgeschwindigkeit, als wenn man in den Wind gedreht hätte.

Die wichtigste Gefahr beim Steigen in solchen Kurven ist der Windgradient. Denn wenn ein Flugzeug gegen den Wind in höhere Luftschichten mit anwachsender Windgeschwindigkeit eindringt, dann wird der Steigwinkel größer, und zeitweise kann auch die angezeigte Geschwindigkeit anwachsen. Bei einer Steigkurve aus dem Wind passiert genau das Gegenteil: Man kann absacken, und ein starker Gradient kann zu einem Verlust an angezeigter Geschwindigkeit führen. Wenn man nun noch berücksichtigt, daß man in einer Steigkurve sehr viel Leistung braucht und daß die Überziehgeschwindigkeit beim Kurven höher liegt, dann kommt man den Gründen näher, warum die Kurven aus dem Wind so viel Aufsehen machen. Wo viel Rauch ist, muß irgendwo ein Feuer sein: Die alte Regel, Kurven aus dem Wind in geringer Höhe zu meiden, vor allem aber Steigflugkurven, ist nach wie vor gültig – nur die dafür meist gegebene Erklärung ist eben falsch.

24. Wenn die Sonne untergeht

Nachtflug ist dem Fliegen bei Tageslicht so ähnlich, daß manchmal die Unterschiede zu sehr heruntergespielt werden. In der Tat sind viele Piloten bei der Nachtflugeinweisung überrascht, daß in der Dunkelheit fast alles genauso abläuft wie am Tag, mit Ausnahme einiger weniger Anpassungen bei den Anflugverfahren. Andererseits muß in manchen Ländern der Nachtflug unter IFR-Regeln durchgeführt werden: Es gibt verschiedene Meinungen darüber, wie groß die Unterschiede zwischen Tag- und Nachtflugbetrieb wirklich sind.

In manchen Punkten ist der Nachtflug einfacher und angenehmer. Der Verkehr ist bei Dunkelheit leichter zu erkennen, die Luft ist im allgemeinen ruhiger und kälter, so daß das Flugzeug komfortabler fliegt und etwas bessere Leistungen hat. Der Funkverkehr ist ruhig, die Platzrunden sind fast immer leer, und es gibt keine Blendwirkungen. Die Instrumente sind leichter abzulesen – eine gute Innenbeleuchtung vorausgesetzt –, und die Sicht ist oft besser als am Tag, denn der Dunst löst sich meist auf und weit entfernte Städte, die tagsüber im Dunst verschwinden, heben sich mit ihrer Beleuchtung klar gegen den schwarzen Hintergrund ab.

Auf der anderen Seite gibt es aber auch gewisse Schwierigkeiten beim Nachtflug. Das Abschätzen des Landeanflugs und des Abfangens fällt schwerer. Ermüdung kann die Reaktionsfähigkeit vermindern, und die eintönigen Sichtverhältnisse reduzieren die Aufmerksamkeit. Wenn das Wetter Grenzwerte erreicht hat, bei denen tagsüber ein VFR-Flug noch möglich wäre, kann es nachts sehr schwierig sein, Wolken zu erkennen – es sei denn der Mond scheint hell genug. Im Zweifelsfall ist es dann besser, IFR zu fliegen. Dabei ist nachts mit weniger Verzögerungen und Umleitungen zu rechnen als in der verkehrsreichen Tageszeit.

Der Grund, warum manche Länder höhere Anforderungen an den

Nachtflug stellen, ist darin zu suchen, daß Notlandungen, die tagsüber noch durchaus sicher durchgeführt werden könnten, in der Dunkelheit praktisch unmöglich werden. In den USA, wo kein Unterschied zwischen VFR-Flügen bei Tag oder Nacht gemacht wird, scheuen viele Piloten trotzdem vor Nachtflügen mit Einmotorigen zurück. Es gibt endlose Debatten darüber, wie groß die Erfolgschancen wirklich sind. Die entsprechenden Statistiken sind zu vieldeutig. Und wonach sich die Leute wirklich richten, sind nicht papierene Zahlen, sondern persönliche Qualitäten wie Selbstvertrauen (andere nennen es Leichtsinn), oder Gleichgültigkeit gegenüber Gefahren. Es gibt Piloten, die noch nie Probleme mit dem Triebwerk hatten, obwohl sie Tausende von Flugstunden absolviert haben, und fliegen am liebsten bei Sonnenuntergang los. Andere sind vom Pech verfolgt, haben kein allzu großes Vertrauen mehr in die Technik und ziehen es vor, unten zu bleiben. Die letzte Entscheidung liegt bei den Piloten selbst, und dabei gilt die gleiche Regel wie überall: Wenn man kein gutes Gefühl dabei hat, sollte man es bleiben lassen.

Wenn man einen Nachtflug vorbereitet, sollte man einige Vorsichtsmaßnahmen treffen. Erstens ist es ratsam, die Treibstoffreserven großzügiger zu bemessen als sonst. Dafür gibt es viele Gründe, der wichtigste ist, daß das Fliegen wegen der kaum möglichen Notlandungen viel schwieriger ist, und daß das elektrische System stärker belastet wird (ein Fehler führt zum Ausfall der Navigationsgeräte). Als weiterer Grund für höhere Treibstoffreserven ist anzuführen, daß man nachts nicht überall tanken kann.

Eine andere unverzichtbare Vorsichtsmaßnahme ist eine Taschenlampe. Man braucht sie zur Vorflugkontrolle (vor allem zum Überprüfen der Tankverschlüsse und zum Abnehmen des Pitotrohr-Schutzes), aber auch im Cockpit leistet sie beim Kartenlesen und beim Suchen von Gegenständen wertvolle Dienste. Und wenn die Instrumentenbeleuchtung ausfallen sollte, hilft eine Taschenlampe ebenso am Boden, um Bremsklötze und Verzurrmaterial zu finden. Man kann die Tanks natürlich auch mit den Fingern überprüfen, aber das Überprüfen des Kraftstoffs beim Entwässern geht kaum ohne Licht. Nicht zuletzt hilft die Taschenlampe dabei, das Schlüsselloch der Tür zu finden.

Beim Start sollte man darauf vorbereitet sein, nach Instrumenten zu fliegen, vor allem wenn der Start über Wasser oder weite, dunkle Felder führt. Zwar sind IFR-Kenntnisse beim Nachtflug nicht unverzichtbar, aber sie sind natürlich eine große Hilfe.

Es gibt Leute, die nachts die Instrumentenbeleuchtung ziemlich abdunkeln, um so die Lichter außerhalb des Flugzeugs besser erkennen zu können. Daß früher überwiegend eine rote Beleuchtung gewählt wurde, liegt daran, daß rotes Licht die Augenadaption zur Dunkelheit am wenigsten beeinträchtigt. Heute werden immer mehr Panels mit weißem Licht beleuchtet, weil man davon ausgeht, daß nachts überwiegend nach Instrumenten und mit Hilfe der Avionik geflogen wird, so daß die Sicht nach außen keine so große Rolle mehr spielt.

Auf Strecke ist es ratsam – wieder aus Gründen größerer Sicherheitsreserven – möglichst hoch zu fliegen: Die Reichweite wird größer, die Gleit-Distanz steigt, die Funknavigation wird leichter, und es ist einfacher, jederzeit in Gleit-Reichweite eines befeuerten Flugplatzes zu bleiben. In ruhiger, kühler Nachtluft ist die Steigleistung gut, so daß eine größere Flughöhe nicht allzu viel Zeit und Treibstoff kostet.

Man sollte auch überlegen, ob es nicht besser ist, nachts eine andere Streckenführung zu wählen als man es tagsüber tun würde, um möglichst immer in Reichweite eines Flugplatzes zu bleiben. Wenn man auf der Karte eine Zick-Zack-Route aufzeichnet, wird man feststellen, daß sie nur unwesentlich länger ist als die direkte Route. So wird eine Strecke mit einer Reihe von 25-Grad-Zacken nur um rund 10% länger. Die meisten Leichtflugzeuge haben eine Gleitzahl von 1 : 8 oder mehr: Wenn man also 3000 m hoch über Grund fliegt, sollte in etwa 25 km Entfernung ein Flugplatz liegen, dann hat man die gleiche Sicherheit wie bei Tag. Das wird natürlich nicht immer durchführbar sein, aber wenn man seine Route so wählt, daß sie möglichst nahe an befeuerten Flugplätzen vorbeiführt, reduziert man die Streckenabschnitte, die außerhalb der Gleit-Reichweite eines Platzes liegen auf ein Minimum. Autobahnen scheinen gute Notlandemöglichkeiten zu bieten, zumindest erleichtern sie auch nachts die Navigation. Aber sie vermindern die Notlande-Risiken kaum.

Auf ein besonderes Phänomen sollte man vorbereitet sein: Wenn man glaubt, ein Licht entdeckt zu haben und es genau ins Auge faßt, verschwindet es, und erst wenn man den Blick etwas seitlich davon richtet, taucht es wieder auf. Das hängt damit zusammen, daß die für die Sehfähigkeit im Dunkeln am empfänglichsten Elemente mehr am Rande der Netzhaut des Auges liegen, während das Zentrum der Netzhaut – der Teil, der beim Fixieren eines Objekts in Aktion tritt – nur bei guten Lichtverhältnissen eine bessere Auflösung und Farbenerkennung ermöglicht. Wenn man also nach einer bestimmten Lichtquelle Ausschau hält – beispielsweise nach der Positionsbeleuchtung eines Flugzeugs – sollte man an diesen Effekt denken.

Bei Nachtflügen ist es vorteilhaft, sich genauer an den Kartenkurs zu halten als bei Tag. Vor allem die Geländehöhen und die Positionen von Hindernissen sind genau zu beachten. Zum Kartenlesen sollte man weißes Licht benutzen, denn mit rotem Licht erscheinen rote Informationen zu schwach und sind manchmal kaum zu erkennen. Mit den Daten des Zielflugplatzes sollte man sich rechtzeitig vertraut machen, besonders wichtig ist dessen Höhenlage: Der Höhenmesser sollte rechtzeitig umgestellt werden.

Die meisten Piloten schalten im Anflug die Landescheinwerfer ein. Aber von vielen Fluglehrern wird empfohlen, Nachtlandungen ohne Scheinwerfer zu üben. Denn der beleuchtete Teil der Landebahn scheint höher zu sein als die umgebenden dunklen Flächen, und das kann zu harten Landungen führen. Beim Landeanflug ist es ohnehin eine schlechte Angewohnheit, seine Aufmerksamkeit auf die Piste unmittelbar vor das Flugzeug zu richten, aber der Landescheinwerfer verleitet dazu. Übt man Nachtlandungen ohne Scheinwerfer, indem man das andere Ende der Piste fixiert und die näherkommenden Befeuerungslinien beim Ausschweben als seitliche Referenz benutzt, dann wird die Lage des Flugzeugs auf jeden Fall besser als wenn man unwillkürlich versucht, die Maschine in den Lichtkegel der Landescheinwerfer zu setzen.

Eine sorgfältig durchgeführte Platzrunde hilft ebenfalls beim Vermeiden von Problemen. Im Gegenanflug in 8000 Fuß über Grund sollte man genau querab vom Aufsetzpunkt den Sinkflug mit etwa 500 fpm einleiten. Liegt der Aufsetzpunkt etwa 40 Grad hinter dem Flügel, leitet man den Queranflug ein, und bei Beginn des Endteils sollte man noch etwa 200 bis 250 Fuß hoch sein. Es ist wichtig, die Platzrunde als sauberes Rechteck zu fliegen, die

Sinkrate sollte konstant und die Geschwindigkeit korrekt sein.

Nach dem Aufsetzen heißt es, vorsichtig rollen: Manche Flugplätze haben keine Befeuerung der Rollwege, wenn man nicht genau aufpaßt, endet man nach einer guten Landung im Graben oder in weichem Grund.

Beim Parken darf man sich nicht allein auf die Feststellbremse verlassen, in der Hoffnung, daß kein Wind aufkommt. Der Hydraulikdruck der Bremsen kann schon in wenigen Stunden absinken. Zumindest sollte man Bremsklötze benutzen, besser ist es natürlich, die Maschine gut zu verzurren.

25. Vereisung im Ansaug-System

Man spricht gewöhnlich von »Vergaser-Vereisung«, aber bei den verschiedenen Treibstoff-Systemen, die heutzutage benutzt werden, ist es eigentlich besser von »Vereisung im Ansaug-System« zu reden. Damit werden nicht nur Vergaser, sondern auch Einspritzanlagen einbezogen sowie alle anderen Triebwerksteile, an denen sich Eis ansetzen kann, wie beispielsweise der Luftfilter. Wenn man die Vorgänge begriffen hat, die in Vergasern oder Einspritzsystemen ablaufen, dann kann man geeignete Vorbeugungsmaßnahmen ergreifen, um eine Vereisung dieser Ansaug-Systeme zu vermeiden.

Unter bestimmten Feuchtigkeitsverhältnissen der Luft kann sich bei Luft-Temperaturen von −7°C bis +32°C im Ansaug-System Eis bilden. Die plötzliche Abkühlung in einem Vergaser wird dadurch verursacht, daß die Verdunstung des Treibstoffs der Luft sehr viel Wärme entzieht, dazu kommt der von der hohen Geschwindigkeit der Luft im Venturirohr des Vergasers erzeugte Unterdruck. Diese beiden Faktoren lassen die Temperatur der angesaugten Luft um mehr als 20° absinken. Wenn diese Luft einen großen Anteil an Feuchtigkeit hat, kann der Wärmeentzug zur Eisbildung führen, meist in der Umgebung der Drosselklappe. Der Eisansatz kann so stark werden, daß nicht nur ein Leistungsabfall, sondern ein totaler Stillstand des Motors eintreten kann. Hinweise auf Vereisung gibt bei Festpropellern ein Absinken der Drehzahl, bei Constant-speed-Propellern ein Nachlassen des Ladedrucks, wobei in beiden Fällen auch die Geschwindigkeit zurückgeht.

Zur Vorbeugung sollte man die Vorwärmung einschalten, bevor sich das Eis bilden kann. Hat man dies versäumt, muß bei Vergasermotoren spätestens bei den ersten Vereisungssymptomen die Vorwärmung voll gezogen werden. Dabei wird zunächst die Leistung sinken und der Motor möglicherweise rauh laufen. Denn die in das Ansaug-System geleitete warme Luft schmilzt das Eis ab, das dann in Form von Wasser in den Motor gesaugt wird und den unrunden Lauf verursacht. Wenn man nicht weiß, was hier vor sich geht, läßt man sich in dieser kritischen Situation vom rauhen Motorlauf vielleicht dazu verleiten, die Vorwärmung wieder auszuschalten – und dann bleibt der Motor endgültig stehen. Der rauhe Lauf wird auch dadurch begünstigt, daß die vorgewärmte Luft zu einem reicheren Gemisch führt, so daß die Gemischregelung entsprechend zurückgenommen werden sollte (allerdings nur im Reiseflug, in der Platzrunde dagegen ist davon abzuraten). Beim Start und im Steigflug soll die Vorwärmung nicht benutzt werden, denn sie führt zu Klopferscheinungen.

Wie lange man die Vorwärmung benutzen soll, hängt von der Stärke der Vereisungsbedingungen ab. Bei schweren Vereisungen sollte sie während des ganzen Fluges eingeschaltet bleiben. Trotz gelegentlich rauhen Laufes und geringfügigen Leistungsverlusten schadet die Vorwärmung dem Motor keineswegs, zumindest nicht im Leistungsbereich unter 75%, das wurde in Flugtestprogrammen einwandfrei nachgewiesen. Wem dies unglaubwürdig erscheint, der sollte sich daran erinnern, daß ein Turbolader die Ansaugluft wesentlich starker aufheizt als eine Vorwärmung, ohne daß es dabei bekanntlich zu Triebwerksschäden kommt.

Wenn ein Flugzeug über eine Temperaturanzeige der Ansaug- oder Vergaserluft verfügt, kann man einer möglichen Vereisung dadurch vorbeugen, daß man die Temperatur im Reise- und Sinkflug bei mindestens +32°C hält. Denn wenn man erst nach dem Eisansatz die Vorwärmung einschaltet, braucht man eine zu große Wärmemenge, um das Eis wieder abzuschmelzen. Ohne Temperaturanzeige muß man die Vorwärmung jedoch entweder voll ziehen oder voll drücken. Eine nur teilweise Betätigung kann die Eisbildung nämlich sogar begünstigen, vor allem wenn die Luft winzige Eiskristalle enthält, die normalerweise das Ansaug-System problemlos passieren. Eine geringe Erwärmung läßt sie jedoch zu Wasser schmelzen, das sich dann im Venturi wieder als Eis ansetzt. Bei Temperaturen von weniger als −14°C besteht die Feuchtigkeit der Luft übrigens immer aus kleinen Eiskristallen.

Es wird bei der Ausbildung gelehrt, daß man im Landeanflug immer die Vorwärmung ziehen und beim etwaigen Durchstarten sofort wieder drücken soll. So richtig diese Aussage ist, so falsch ist die oft gehörte Erklärung, daß die Vorwärmung beim Start nicht nur das Gemisch anreichert, sondern auch zu einem Ersaufen des Motors führt, so daß er völlig stehenbleiben kann. Richtig ist nur, daß das Gemisch reicher wird, und die Gründe dafür, daß man beim Durchstarten die Vorwärmung unbedingt schließen muß, sind erstens der mit der Vorwärmung verbundene Leistungsverlust, der bei geringer Fahrt und in niedriger Höhe kritisch werden kann, und zweitens die Gefahr von Triebwerksschäden durch Klopferscheinungen, vor allem bei voller Leistung eines Hochleistungsmotors.

Von Lycoming wurden Notlandefälle untersucht, die auf Vergaservereisung in einmotorigen Flugzeugen zurückzuführen waren. Eine Reihe dieser Unfälle ereignete sich bei Alleinflügen von Flugschülern, die auf der gleichen Route und in gleicher Höhe flogen wie ihr Fluglehrer, der zur gleichen Zeit mit einem anderen Flugschüler unterwegs war.

In einigen dieser Fälle stellte sich heraus, daß der Fluglehrer zwar auch ohne Vorwärmung geflogen war, aber das Gemisch abgemagert hatte, so daß keine Vereisung auftrat. Der alleinfliegende Schüler dagegen hatte ohne Vorwärmung das Gemisch voll-reich eingestellt. Der Abkühlungseffekt des reichen Gemisches genügte, um die Eisbildung hervorzurufen.

Bei der richtigen Kombination von Feuchtigkeit, Temperatur und Gemischregelung neigt vor allem ein Schwimmer-Vergaser ohne Vorwärmung also leicht zur Vereisung. Bei Einspritzanlagen und Druck-Vergasern treten unter IFR-Bedingungen ebenfalls Vereisungserscheinungen im Ansaug-System auf. Zwar setzt sich bei Einspritzern kein Eis im Venturi an, aber in Extremfällen kann nasser Schnee die Ansaugöffnungen blockieren. Auch bei leichtem, staubartigen Schnee wurden schon Vereisungserscheinungen an Einspritzern beobachtet. Es wird von einem Fall berichtet, bei dem in einer zweimotorigen Maschine in leichtem Schnee beide Einspritz-Motoren wegen Vereisung ausfielen. Der Pilot hatte sowohl die Vorwärmung gezogen als auch das Gemisch angereichert und Vollgas gegeben. Das reiche Gemisch und die erhöhte Gasstellung verschlechterten die Situation, weil die größere Treibstoffmenge, die vernebelt werden mußte, den Abkühlungseffekt drastisch steigert. Man hat später versucht, die Bedingungen dieses Fluges zu reproduzieren und konnte die Vereisung verhindern, indem das Gemisch bis zur peak-EGT abgemagert und die Reiseleistung beibehalten wurde. Man sollte also jedesmal bei Betätigung der Vorwärmung das Gemisch abmagern.

Bei Turbolader-Motoren dürften nur in extremen Fällen Vereisungen auftreten, da die verdichtete Luft sehr hohe Temperaturen hat. Trotzdem kann nasser Schnee den Luftfilter blockieren, wenn keine Umschaltung der Ansaugluft möglich ist. Auch Druck-Vergaser sind wieder mit Ausnahme des Luftfilters relativ unempfindlich gegen Vereisung. Im Schwimmer-Vergaser liegt die Kraftstoffdüse entweder unter oder über dem Venturi und der Drosselklappe, so daß der Kraftstoff direkt im ungünstigsten Bereich verwirbelt wird – im Venturi. In Druckvergasern dagegen wird der Kraftstoff weit hinter dem Venturi-Bereich vernebelt, so daß die Vereisungsgefahr geringer ist.

Man darf dabei aber nicht vergessen, daß die meisten Druckvergaser eine automatische Gemischregelung haben. Wenn man am Boden die Vorwärmung zieht, wird die Gemischregelung automatisch mitbetätigt, so daß im Flug deren Auswirkung auf den Vergaser zeitweise unvorhersehbar ist. Beim Bremslauf vor dem Start sollte man deshalb mit gezogener Vorwärmung mindestens zwei Minuten warten, um eine unregelmäßige Treibstofförderung aufgrund der Beeinflussung der automatischen Gemischregelung durch die Vorwärmung zu vermeiden.

26. Notfälle in zweimotorigen Flugzeugen

Die beiden gefährlichsten Aspekte beim Fliegen mit zweimotorigen Maschinen sind Maschinen, die mit einem Motor kaum flugfähig sind, und Piloten, die das einmotorige Fliegen nicht beherrschen. Wenn ein Flugzeug leistungsfähig genug ist, um mit einem stillgelegten Motor noch oben zu bleiben (vorausgesetzt, die Maschine ist nicht zu sehr überladen), dann gehört die Beherrschung dieses Zustandes zur wichtigsten Fähigkeit eines Zweimot-Piloten. Es ist die einzige zusätzliche Fertigkeit, die man über das Fliegen von einmotorigen Maschinen hinaus noch entwickeln kann. Die größten Unterschiede zwischen einer leichten Zweimot und einer Hochleistungs-Einmot liegen darin, daß die Möglichkeit eines Desasters in einer Zweimot weit wahrscheinlicher ist, und wenn der Notfall eintritt, werden vom Piloten sofortige und präzise Maßnahmen gefordert.

Das klingt abschreckend. Es gibt aber eine ziemlich narrensichere Methode, um mit Notfällen in zweimotorigen Maschinen bei Tag und Nacht fertig zu werden, und sie ist so einfach, daß man sich nach einiger Eingewöhnung nur noch darüber wundert, warum man sich jemals über einen Triebwerksausfall so aufgeregt hat.

In einem Notfall irgendeiner Art bilden bloße Untätigkeit oder überstürzte, hastige Reaktionen die größte Gefahr. Wenn eine Feuerwarung aufleuchtet oder ein Ventil durchbrennt, verhalten sich viele Piloten völlig konsterniert, sehen untätig zu, wie der Öldruck auf Null absinkt und die Fahrt bis zur Überziehgeschwindigkeit abfällt. Sie sind plötzlich nicht mehr in der Lage, sich an die Verfahren beim Stillegen eines Motors zu erinnern. Oder es kann auch passieren, daß irrtümlich das laufende Triebwerk gestoppt wird, oder daß der Brandhahn geschlossen wird, wenn die Tanks umzuschalten sind, oder daß statt der Klappen das Fahrwerk betätigt wird.

146

Die goldene Mitte zwischen diesen Extremen liegt in einem sehr einfachen, nie versagenden, leicht einzuprägenden Notverfahren – in einer einzigen Methode, um mit technischen Problemen einer Zweimot unter allen Flugbedingungen fertig zu werden. Das Problem liegt nur darin, daß viele Fluglehrer für verschiedene Flugzeugtypen verschiedene Verfahren lehren, ja sogar verschiedene Verfahren für unterschiedliche Situationen in ein und demselben Flugzeugmuster.

Wenn man sich bei nächster Gelegenheit mutig genug fühlt, um mit einem guten Fluglehrer Zweimot-Notfälle zu trainieren, dann sollte man ihn bitten, beim Start im Steig- und Reiseflug sowie bei Landeanflügen ohne Ankündigung ein Triebwerk zurückzunehmen. Dabei ist wichtig, daß das Triebwerk nicht völlig gestoppt, sondern nur auf Null-Schub zurückgenommen wird, denn selbst beim Training sollte man nicht das Risiko eines vollen Triebwerksstopps eingehen. Wenn der Fluglehrer dann heimlich das Gas wegnimmt, sollte man ihn mit folgendem 6-Punkte-Verfahren verblüffen: Leistung, Klappen, Steigen, Fahrwerk, Identifizieren, Stillegen. Im einzelnen: Zuerst alle Triebwerkshebel voll drücken – also Gemisch, Propeller und Gas. Klappen: in Startposition fahren – falls sie bereits in dieser Stellung oder ganz eingefahren sind, diesen Zustand zumindest kontrollieren. Steigen: Das Flugzeug wird in Steigfluglage gebracht, das Variometer genau überwacht, um bei jedem Sinken sofort einzugreifen. Der Fahrtmesser wird auf genaue Einhaltung der besten Geschwindigkeit für einmotoriges Steigen überwacht. Fahrwerk: Einfahren. Identifizieren und Motor stillegen: Zuerst feststellen, welches Triebwerk ausgefallen ist, dann erst folgt das Verfahren zum Stillegen des Motors in Segelstellung. Zuletzt werden die Klappen erforderlichenfalls eingefahren, sobald der Steigflug stabilisiert ist. Diese effektive Formel, die man im Falle des Falles laut vor sich hersagen sollte, hat drei positive Eigenschaften: Sie ist einfach und funktioniert ohne »wenn und aber« bei jedem Flugzeug und in jeder Situation. Wer sie im Kopf behält, weiß alles, was man bei Triebwerksausfall zu tun hat. Man kann sie beim Start, im Steig- und Reiseflug oder beim Durchstarten anwenden, und auch dann, wenn man gedankenlos durch die freigegebene Höhe gesunken oder tief unter den Gleitpfad geraten ist. Es wird oft gesagt, daß man sich bei jedem Start bewußt so verhalten soll, als ob ein Motorausfall zu erwarten ist, um auf Probleme vorbereitet zu sein. Das hilft aber nur, wenn man auch die notwendigen Verfahren im Kopf hat. Noch besser als pure Gedankenspiele zu treiben ist es, jeden Start als Generalprobe eines Notfalls durchzuführen. Dazu braucht man natürlich nicht jedesmal ein Triebwerk übungshalber zurücknehmen. Zunächst ist es wichtig, den Start in drei Abschnitte einzuteilen: Vor Erreichen der Mindestkontrollgeschwindigkeit (V_{mc}), nach dem Abheben bis zum Ende der Piste und dann der stabilisierte Flugzustand.

Der erste Abschnitt ist einfach: Bei irgendeinem Problem nimmt man das Gas heraus und rollt zum Hangar zurück. Der zweite Abschnitt ist zumindest auf langen Startbahnen nicht viel schwieriger: Wenn das Problem in einigen Metern Höhe nach dem Abheben auftritt, wird ebenfalls die Leistung weggenommen, gelandet und gebremst. Diese beiden Abschnitte sind aber nur dann problemlos zu beherrschen, wenn man bis zur V_{mc} seine Gedanken bei der Sache hat, und wenn man nach dem Abheben nicht zu früh das Fahrwerk einfährt und bereits mit der Abflug-Kontrolle spricht.

Erst im dritten Abschnitt memoriert man das echte Notverfahren: Wenn man den Punkt der Piste hinter sich hat, der noch einen Startabbruch möglich machen würde, dann wird die empfohlene Litanei heruntergebetet: Leistung hochfahren (Gemischhebel, Propellerregelung und Gas sind bereits voll vorgeschoben), Klappen in Startposition (den Hebel sicherheitshalber überprüfen, selbst wenn man sicher zu sein glaubt, daß er in der richtigen Position steht), Steigfluglage einnehmen (ein Blick auf das Vario zeigt, ob man wirklich steigt, die beste Einmot-Steiggeschwindigkeit muß anliegen), das Problem-Triebwerk identifizieren (wenn bei der Generalprobe beide noch sauber laufen, kann man jetzt entspannt weiterfliegen).

Es ist wichtig festzuhalten, daß bei den ersten beiden Abschnitten des Startvorgangs das Fahrwerk noch ausgefahren und verriegelt sein muß. Manchmal wird ein schnelles Einfahren gleichgesetzt mit gutem fliegerischem Können. Aber in der Tat ist es äußerst empfehlenswert, das Fahrwerk so lange draußen zu lassen, bis keine Möglichkeit mehr besteht, auf dem Rest der Piste noch zu landen. Man sollte deshalb auf keinen Fall zu früh den Fahrwerkshebel betätigen.

148

Bei den meisten Zweimots dauert das Ausfahren des Fahrwerks viel länger als das Einfahren. Es gibt eine Theorie, die behauptet, schneller Höhengewinn sei besser als ein ausgefahrenes Fahrwerk, und Höhe gewinnt man natürlich schneller mit eingefahrenem Fahrwerk. Aber diese Meinung stammt wohl noch aus den Tagen, als Flugzeuge mit ausgefahrenem Fahrwerk in der Tat nur sehr schlechte Steigleistungen hatten. Aber man sollte sich wirklich genau überlegen, was besser ist: Bei Triebwerksausfall in 200 Fuß Höhe das Gas wegzunehmen und geradeaus auf dem Rest der Piste zu landen, oder weitersteigen, eine Platzrunde fliegen und einen neuen Anflug wagen?

An das Fahrwerk sollte man auch denken in Situationen, wenn man trotz Steigfluglage am Vario feststellt, daß die Maschine definitiv sinkt. Falls die Sinkrate nicht sehr gering ist oder beim Ziehen wieder Anzeichen für eine Steigtendenz zu beobachten sind, sollte man nicht irrtümlicherweise glauben, man müsse nur das Fahrwerk einfahren, um wieder besser steigen zu können: Ein ausgefahrenes Fahrwerk hat einen überraschend geringen Einfluß auf die Steigleistung – im Gegenteil, bei manchen Flugzeugen können die Fahrwerksklappen beim Einfahren sehr viel Widerstand erzeugen und damit zeitweise die Flugleistung beeinträchtigen. Wenn das Sinken nicht mehr aufzuhalten scheint, ist es ebenfalls besser, das Fahrwerk draußen zu haben: Es dämpft den Aufschlag, absorbiert Energie und bietet immerhin eine kleine Chance, vielleicht doch noch eine normale Landung zu schaffen.

Es gibt noch einen vierten, nicht so offensichtlichen Vorteil des 6-Punkte-Notverfahrens: Wenn der Notfall plötzlich eintritt, ist es wichtiger, irgendetwas zu unternehmen als exakt das Richtige zu tun. Aktivität schaltet die Angst aus und dient als Beruhigungsmittel, wenn die Kontrolle über das Flugzeug zu entgleiten droht.

Nach einem dreistündigen Routineflug läßt allmählich die Aufmerksamkeit nach, und wenn dann plötzlich ein Motor stehenbleibt und das Flugzeug versucht, dem Piloten aus den Händen zu gleiten, dann sollte man nicht die Fassung verlieren und nach den Ursachen fahnden. Viel besser ist es – auch wenn man zunächst gar nicht weiß, was eigentlich los ist –, sofort aktiv zu werden, am besten eben mit der eigentlich doch so einfachen 6-Punkte-Regel.

27. Trudeln

Zwei Piloten wollten Einmotoren-Verfahren trainieren. Beide waren Fluglehrer, der eine mit 13 000 Flugstunden, einschließlich 1500 h auf diesem Typ, der andere hatte 1000 Flugstunden, aber noch wenig Erfahrung auf diesem Muster. Beobachter sahen das Flugzeug etwa 3500 Fuß hoch im Horizontalflug und hörten abrupte Leistungsänderungen, ein Propeller schien zu stehen. Die Maschine kippte dann in eine steile Rechtskurve ab und begann zu trudeln. Nach drei oder vier Umdrehungen ging sie ins Flachtrudeln über und schlug mit nahezu horizontalen Flügeln auf dem Boden auf.

Ein zweiter Fall: Eine einmotorige Maschine schien im Querflug sehr tief zu sein. Beim Eindrehen in den Endteil rollte sie plötzlich nach links und stürzte eineinhalb Kilometer von der Piste ab. Der Pilot erklärte später, er habe die Kurve zum Endteil überschossen und zur Korrektur das linke Seitenruder getreten, gezogen und Gas gegeben. Das Flugzeug rollte, und die Höhe reichte dann nicht mehr zum Abfangen aus.

Leider könnte man die Reihe solcher Beispiele beliebig fortsetzen. Trotz der Anstrengungen der Flugzeughersteller, die Maschinen beim Überziehen gut steuerbar und trudelsicher zu machen, und trotz der Gefahreneinweisungen bei der Ausbildung, gibt es immer noch sehr viele Überzieh- und Trudelunfälle. Die Beschäftigung mit der Natur des Trudelzustands, so wie sie der Flugzeugkonstrukteur sieht, ist eine gute Voraussetzung, um das Problem besser zu begreifen.

Dem Trudeln geht immer ein überzogener Flugzustand voraus, und überziehen kann man ein Flugzeug innerhalb seiner Festigkeitsgrenzen in jeder Fluglage und bei jeder Geschwindigkeit. Anders ausgedrückt: Ein Flügel überzieht bei einem ganz bestimmten, für diesen speziellen Flügel geltenden Anstellwinkel, unabhängig von allen anderen Einflüssen wie Gewicht, Lastvielfaches, Fluglage usw. Weniger bekannt ist die Tatsache, daß beim Trudeln eine Flügelhälfte etwas mehr Auftrieb erzeugt als die andere. Das Abkippen eines Flügels, das zum Trudeln führt, kann mehrere Ursachen haben. Meistens schiebt das Flugzeug beim Überziehen, was man an der Kugel im Wendezeiger ablesen kann. Fast alle Flugzeuge der Allgemeinen Luftfahrt haben eine positive V-Stellung der Flügel, die eine Rollbewegung entgegen dem Slip verursacht. Infolgedessen wird bei jedem überzogenen Schiebeflugzustand, der zum Slippen führt, die Voraussetzung für das Trudeln geschaffen. Aber auch allein die Gierbewegung kann Trudeln verursachen, da der nacheilende Flügel einen etwas größeren Anstellwinkel bekommt und deshalb eher zum Überziehen neigt als der voreilende Flügel.

Eine Rollbewegung beim Überziehen wird auch dann produziert, wenn man mit dem Querruder einen hängenden Flügel wieder aufrichten will. Dies führt zu leichtem Schieben wegen des negativen Wendemoments bei Querruderausschlag. Desweiteren erzeugt ein nach unten ausgeschlagenes Querruder einen Anstieg des effektiven Anstellwinkels, was diesen Flügel zum Überziehen verursacht, wenn man schon nahe am maximalen Anstellwinkel war. Konsequenterweise erzeugt ein Querruderausschlag, der zum Anheben eines hängenden Flügels führen sollte, eine Rollbewegung in entgegengesetzter Richtung, was die Schwierigkeiten weiter erhöht. Mit modernen Querruderkonzepten konnte dieses Problem jedoch weitgehend überwunden werden. Bei den meisten heutigen Flugzeugen bleiben die Querruder bis in den überzogenen Zustand hinein wirksam, im Gegensatz zu vielen früheren Typen, die bei Querruderausschlag kurz vor dem Überziehen sofort ins Trudeln gingen. Deshalb wird bei der Ausbildung gelehrt, beim Überziehen die Nase des Flugzeugs nur mit dem Seitenruder geradeaus zu halten. Damit wird der Schiebewinkel möglichst gering gehalten.

Sobald der Trudelvorgang eingeleitet ist, befindet sich das Flugzeug in einem stabilem Zustand, solange es überzogen bleibt. Es herrscht ein Gleichgewicht zwischen aerodynamischen und Trägheits-Kräften. Die aerodynamischen Kräfte drängen zwar zu einer kopflastigen Abtauchtendenz, weil die Strömung am Höhenruder einen Auftrieb erzeugt. Aber die Trägheitseffekte produzieren eine schwanzlastige Kraft im entgegengesetzen Sinne. Ohne die Drehung der Maschine um eine vertikale Achse außerhalb des Flugzeugs gäbe es diese Kräfte nicht, die die natürlichen Abfangtendenzen völlig aufheben. Das Trudeln ist deshalb der einzige wirklich stabile Flugzustand, bei dem das Flugzeug seine Bewegung nicht ändert, auch wenn es von äußeren Einflüssen gestört wird: Eine Tatsache, die in längst vergangenen Zeiten von manchen Piloten genutzt wurde, um ohne Instrumentenhilfe eine geschlossene Wolkendecke zu durchstoßen.

Theoretisch kann man die Trudeleigenschaften eines Flugzeugs berechnen, wobei seine Massenverteilung und die aerodynamischen Einflüsse der Steuerflächen berücksichtigt werden. Wegen der komplexen aerodynamischen Vorgänge beim Trudeln stimmt die Theorie aber nur selten mit der Praxis überein: Nicht selten mußten Industriepiloten aus einem unkontrollierbar trudelnden Flugzeug aussteigen. Die Theorie gibt nur an, welche Faktoren die Trudeleigenschaften eines bestimmten Flugzeugs am meisten beeinflussen, aber diese Faktoren können nicht immer so genau in Zahlen ausgedrückt werden, als daß man sich ohne Flugtests darauf verlassen könnte.

Der wichtigste Faktor ist die Massenverteilung im Flugzeug: Es geht darum, ob die Maschine überall in etwa die gleich Dichte hat, oder ob an bestimmten Stellen größere Gewichte konzentriert sind. Eine leichte Zweimot mit Tiptanks und in den Flügeln installierten Triebwerken beispielsweise ist träger um die Längs- als um die Querachse. Deshalb ist beim Nicken weniger Kraft erforderlich als beim Rollen. Ganz anders liegt der Fall bei einem Business-Jet mit Hecktriebwerken, der größte Teil des Gewichts ist am Rumpf konzentriert, so daß die Trägheit um die Querachse größer ist als um die Längsachse. Die typischen einmotorigen Flugzeuge dagegen haben eine relativ gleichmäßige Massenverteilung ohne Konzentration auf eine bestimmte Achse.

Die Bedeutung der Massenverteilung ergibt sich daraus, daß die von den verschiedenen Steuerflächen erzeugten Kräfte in der Lage sein müssen, diese Massen zu bewegen, so daß gute Flugeigenschaften erreicht werden. Wenn man beispielsweise nachträglich für größere Reichweite Tiptanks installieren läßt, müßte die Querruderwirksamkeit erhöht werden, um die gleichen Rolleigenschaften wie vorher zu erhalten. Aus diesem Grund bestimmt die Art der Massenverteilung eines Flugzeugs das Steuer, das beim Ausleiten des Trudelns am besten wirkt. In allen Flugzeugtypen jedoch kann das Seitenruder gegen die Drehrichtung des Trudelns benutzt werden, unabhängig von der Verwendung der anderen Ruder. Die Auslegung des Seitenleitwerks ist deshalb besonders wichtig, wenn man die Eigenschaften beim Beenden des Trudelns vorherbestimmen will. Im allgemeinen hängt die erforderliche Seitenleitwerksfläche von der Massenverteilung des Flugzeugs und von seiner Dichte relativ zur umgebenden Atmosphäre ab. Die relativen Dichten variieren von etwa 35 bei den meisten Business-Jets bis zu 6 bei typischen zweisitzigen Einmots. Mit steigender relativer Dichte muß auch die Seitenleitwerksfläche größer werden. Man kann es auch so ausdrücken, daß die Seitenleitwerksfläche in der Lage sein muß, den fehlenden Widerstand gegen die Drehung wettzumachen, selbst bei einem schweren Flugzeug mit kleinen Flügeln. Das ist der Fall, wenn die relative Dichte eines Flugzeugs groß ist. Im Gegensatz dazu hat ein Segelflugzeug eine geringe relative Dichte und große Flügel mit höherer Trägheit gegenüber der Drehbewegung um die vertikale Trudel-Achse. Bei diesen Flugzeugen genügt also eine kleinere Seitenleitwerksfläche, um die Drehung zu stoppen. Diese Überlegungen zur relativen Dichte spielen auch in anderen Punkten der Flugzeukonstruktion eine Rolle, besonders bezüglich der Berechnungen der Stabilität und Steuerbarkeit.

Da bei den meisten Flugzeugen im Zuge ihrer Weiterentwicklung das Fluggewicht immer weiter angehoben wird, steigt damit auch deren relative Dichte. Manche auf Wunsch erhältliche Zusatzausrüstungen, wie beispielsweise Tiptanks können die Fähigkeiten eines Flugzeugs beim Ausleiten des Trudeln weiter verringern, indem sie die Massenverteilung beeinflussen. Das kann besonders bei Einmots von großer Bedeutung sein, da sie mit ihrer an sich gleichmäßigen Massenverteilung fast ausschließlich von der Wirkung des Seitenruders abhängig sind. Es gibt Beispiele dafür, daß Gewichtserhöhungen bei einem Flugzeugtyp zu unannehmbaren Trudeleigenschaften geführt haben.

Was muß ein Pilot nun beachten, um bei den unterschiedlichen Flugzeugtypen die beste Technik zum Ausleiten des Trudelns anwenden zu können? Wie bereits erwähnt, wird das Seitenruder in jedem Fall benutzt. Der Einsatz der anderen Ruder jedoch ist nicht immer so eindeutig. Im Fall eines typischen einmotorigen Flugzeugs, bei dem die Trägheiten um die Längs- und Querachse etwa gleich groß sind, gilt als Standardregel, daß zum Ausleiten des Trudelns Gegenseitenruder gegeben und dann gedrückt werden soll. In Flugzeugen, die um die Längsachse eine höhere Trägheit als um die Querachse haben, beispielsweise bei leichten Zweimots, dagegen sollte zuerst gedrückt und dann Gegenseitenruder gegeben werden. Ist dagegen die Trägheit um die Querachse höher als um die Längsachse, wie bei Business-Jets mit Hecktriebwerken, dann ist es am besten, Querruder mit der Trudeldrehung und Gegenseitenruder zu geben. In jedem Fall ist dasjenige Ruder am wirksamsten, das gegen die geringste Massenträgheit wirken muß, daraus ergibt sich die Bedeutung der Massenverteilung bei der Bestimmung der Technik zum Ausleiten des Trudelns. Für Flugzeuge, die unter FAR Part 23 in der Normalklasse zugelassen sind, muß der Hersteller nachweisen, daß nach einer Trudelumdrehung mit ein- oder ausgefahrenen Klappen das Ausleiten nach einer weiteren Umdrehung beendet werden kann. Es gibt auch Flugzeuge, für die unter Beachtung gewisser Schwerpunktsbereiche und Höhenruderausschläge nachgewiesen werden kann, daß sie nicht trudeln. Solange das Flugzeug innerhalb seiner Betriebsgrenzen geflogen wird, ist man vor unkontrollierbarem Trudeln sicher. Für Verkehrsflugzeuge, die unter FAR Part 25 und 121 zugelassen sind, gibt es keine Trudelforderungen, denn ihre Überzieheigenschaften sind genau definiert, und die Besatzungen haben einen so hohen Ausbildungsstandard, daß ein sicherer Betrieb gewährleistet ist.

Auf einige weitere Punkte sollte man achten, wenn man beabsichtigt, Trudelübungen durchzuführen. Denn eine Cessna 310 braucht beim Ausleiten erheblich mehr Höhe, Zeit und Höhenruderausschlag als eine kleine Cessna 152. Man muß meist das Höhenruder voll bis zum Anschlag drücken, obwohl die Nase der Maschine beim Trudeln fast senkrecht nach unten zeigt. Zweimots geraten leider bei Triebwerkausfall mit schöner Regelmäßigkeit ins Trudeln.

In den meisten Flugzeugen verursacht der Triebwerksschub ein schwanzlastiges Moment. Das bedeutet, daß eine hohe Motorleistung beim Trudeln das Aufrichtmoment verstärkt, so daß es umso schwerer wird, mit dem Höhenruder dagegenzudrücken. Das kann bei hoher Leistung so weit führen, daß das Trudeln so flach wird, daß das Höhenruder einen zu großen Anstellwinkel erreicht und überzieht. Dann besteht keine Möglichkeit zum Beenden des Trudelns mehr, weil man kein kopflastiges Moment erzeugen kann. Wenn eine Zweimot mit Triebwerksausfall ins Trudeln gerät, ist die Seitenruderwirkung zu gering, um die Drehung zu stoppen. Man sollte deshalb nicht nur über die Mindestkontrollgeschwindigkeit und die hinterste Schwerpunktlage seiner Maschine Bescheid wissen, sondern auch über deren Massenverteilung. Davon kann es abhängen, wie ein Flug endet.

28. Notlandungen

Gefahrenzustände werden dem Flugschüler mit einem allgemein anerkannten Verfahren demonstriert: Der Fluglehrer nimmt plötzlich das Gas weg und erklärt, das Triebwerk sei als ausgefallen zu betrachten. Vom Schüler wird erwartet, daß er die Kontrolle über das Flugzeug behält, die richtige Gleitfluggeschwindigkeit einhält, eine geeignete Notlandefläche aussucht und einen korrekten Anflug plant. Man versucht dem Schüler auch beizubringen, wie er die Ursache des Motorausfalls finden kann, falls noch genügend Zeit dafür bleibt, indem er die Vorwärmung, die Gemischregelung und den Kraftstoffhahn überprüft. Der Schüler weiß jedoch, daß er damit den Triebwerksausfall nicht korrigieren kann, und daß er lediglich die vom Lehrer bereits ausgewählte Notlandefläche zu finden und einen sicheren Anflug durchzuführen hat.

In der Praxis bedeutet dies nur, daß übungshalber die Gleitdistanz und Sinkrate genau eingeschätzt werden müssen, wobei eine konstante Gleitgeschwindigkeit einzuhalten ist. Aber dieses Verfahren stützt sich auf zwei Voraussetzungen, die bei echten Notlandungen nur selten anzutreffen sind. Erstens ist eben nicht immer eine geeignete Landefläche erreichbar, und zweitens ist ein Triebwerksausfall nicht in jedem Fall der Hauptgrund für eine Notlandung.

Im Laufe der Ausbildung bringt man dem Schüler bei, nur solche Notlandeflächen zu wählen, die als »geeignet« anzusehen sind. Das führt dazu, daß die meisten Piloten eine Notlandung nur dann wagen, wenn sie sicher sind, daß ihre Maschine dabei nicht beschädigt wird. Viele schwere Unfälle aufgrund der Fortsetzung eines VFR-Fluges unter IFR-Bedingungen oder räumlicher Disorientierung sind das direkte Resultat des verzweifelten Versuchs, unbedingt weiterzufliegen, nur weil das Gelände den zu hoch geschraubten Anforderungen für eine Notlandung nicht zu entsprechen scheint.

Die modernen Flugzeuge sind so zuverlässig, daß Notlandungen aufgrund mechanischer Defekte äußerst selten sind. Die meisten Notlandungen sind das Ergebnis von Pilotenfehlern wie beispielsweise schlechte Flugvorbereitung, unsachgemäßer Umgang mit dem Treibstoffsystem oder Eindringen in Schlechtwettergebiete. Eine vor wenigen Jahren in den USA durchgeführte Auswertung von 898 Unfällen in der Allgemeinen Luftfahrt erbrachte interessante Resultate. Von 27 Unfällen aufgrund der Fortsetzung eines VFR-Fluges in Schlechtwetter endeten 17 tödlich. 16 von 19 Unfällen wegen räumlicher Disorientierung verliefen ebenfalls mit tödlichem Ausgang. Die Wahl ungeeigneten Notlandegeländes war die Ursache von 60 Unfällen – aber davon nur einer tödlich. Daraus geht eigentlich ganz klar hervor, daß vorsichtshalber durchgeführte Notlandungen auf jeden Fall das kleinere Risiko darstellen. Bevor sich schwere Unfälle ereignen, gibt es meist einen Moment, in der der Pilot über die Art des Unfalls voll entscheiden kann. Bevor er seinen Flug in schlechtes Wetter hinein fortsetzt und dann in oder unter den Wolken in die Falle gerät, hat er die Möglichkeit, vorsichtshalber eine Notlandung zu machen. Viel zu oft wird diese Alternative verworfen, was zu einer tödlichen Konsequenz führt: Verlust der Kontrolle über das Flugzeug wegen räumlicher Disorientierung. Um seine Überlebenschancen zu erhöhen, sollte sich ein Pilot immer ganz klar dessen bewußt sein, daß fast jedes Gelände für eine Notlandung geeignet ist, auch wenn ein Bruch dabei in Kauf zu nehmen ist.

Oft sind es psychologische Gründe, die einen Piloten daran hindern, rasch und entschlossen zu handeln. Man neigt in einer Streßsituation dazu, unwiderrufliche Entscheidungen so lange wie möglich hinauszuschieben. Und da ihm bei der Ausbildung eingetrichtert worden war, er müsse eine möglichst gut geeignete Notlandefläche finden, fliegt er immer weiter, in der Hoffnung, daß doch noch eine solche auftaucht. Die Alternative einer Bruchlandung in schlechtem Gelände wird normalerweise gar nicht erwogen, obwohl es erprobte Verfahren gibt, um beim Aufsetzen in schlechtem Gelände oder in Bäumen die Insassen des Flugzeugs möglichst gut zu schützen. Zunächst muß ein Pilot seine Neigung überwinden, sein Flugzeug unter allen Umständen zu retten. Oft vergessen Piloten alle fliegerischen Grundregeln, um eine Landung zu vermeiden, bei der das Flugzeug unweigerlich beschädigt wird. Sie machen in geringer Höhe 180°-Kurven zurück zur Startbahn, anstatt daß sie strikt geradeaus eine Notlandung versuchen. Man muß sich von der Vorstellung befreien, daß ein zerstörtes Flugzeug auch in jedem Fall eine Verletzungsgefahr für die Insassen bedeutet. Der Erfolg einer Bruchlandung hängt von der psychischen Einstellung ebenso ab wie vom fliegerischen Können.

Wenn die Entscheidung gefallen ist, eine Notlandung zu versuchen, obwohl eine Beschädigung des Flugzeugs zu erwarten ist, muß man das Hauptaugenmerk auf die Geschwindigkeit beim Aufsetzen und auf die Sinkrate richten.

Die Stärke der Verzögerung am Boden und der Bremsweg hängen direkt von der Geschwindigkeit über Grund im Moment des Aufsetzens ab. Bei doppelter Geschwindigkeit vervierfacht sich die zerstörende Energie. Ein Aufschlag mit 85 Knoten ist doppelt so schwer wie mit 60 Knoten, und mit 100 Knoten schon dreimal so stark. Das Aufsetzen muß also mit der geringstmöglichen, noch steuerbaren Geschwindigkeit erfolgen, wobei die Klappen und auch andere Möglichkeiten benutzt werden können.

Die meisten Piloten tendieren wohl dazu, die größte erreichbare Landefläche zu wählen, aber der Bremsweg bei einer Notlandung ist an sich sehr gering, wenn man die Geschwindigkeit entsprechend abgebaut hat. In den üblichen Flugzeugen der Allgemeinen Luftfahrt sind die Insassen gegen Verzögerungen der neunfachen Erdbeschleunigung in Flugrichtung geschützt, das bedeutet bei 45 Knoten einen Bremsweg von nur drei Metern, auch bei 87 Knoten sind es erst zwölf Meter. Diese sehr kurzen Bremswege setzen allerdings eine gleichförmige Verzögerung voraus. Der Pilot kann die Zerstörung von Strukturteilen des Flugzeugs gezielt für Verzögerungen einsetzen, wenn auf schlechtem Gelände notgelandet werden muß.

Da der menschliche Körper vertikale Beschleunigungen nur sehr begrenzt aufnehmen kann, müssen eine hohe Sinkrate und hartes Aufsetzen vermieden werden, selbst in idealem Gelände. Wenn man auf rauhem oder weichem Gelände landen muß, kann hartes Aufsetzen dazu führen, daß sich das Flugzeug in den Grund bohrt, was eine zu hohe Verzögerung oder einen Überschlag zur Folge hat. Aus diesem Grund sollte man auch nicht mit zu tiefer Nase aufsetzen. Wenn man in rauhem, in stark bewachsenem oder bewaldetem Gelände aufsetzen muß, ist darauf zu achten, daß die Struktur der Cockpit- und Kabinenbereich so gut wie möglich intakt bleibt, um Verletzungen zu vermeiden. Das kann man erreichen, in dem man die Flügel, das Fahrwerk, den Rumpfboden und andere verzichtbare Strukturbereiche bewußt opfert. Auch auf der Landefläche selbst gibt es energieabsorbierende Gegenstände: Bäume, Gebüsch, dichte Getreidefelder oder auch Zäune können so gut als Bremsmittel dienen, daß sich der Schaden am Flugzeug in reparablen Grenzen hält.

Man kann aber nicht deutlich genug darauf hinweisen, daß alle bremsenden Einflüsse nicht viel nützen, wenn der Kabinenbereich stoppt und die Insassen sich weiterbewegen. Sitz- und Schultergurte sind von entscheidender Wichtigkeit, wenn die Verletzungsgefahr beim Aufprall auf innere Kabinenstrukturen vermieden werden soll. Vor allem die Wirksamkeit von Schultergurten hat sich als so überzeugend erwiesen, daß man sich wundern muß, warum es immer noch Piloten gibt, die sich gegen deren Benutzung sträuben.

Da die Aufsetzgeschwindigkeit von größter Bedeutung ist, muß der Einsatz des vollen Klappenausschlags empfohlen werden. Doch ist beim Ausfahren Vorsicht geboten, um nicht zu früh Höhe und Geschwindigkeit zu verlieren. Auch wenn man beim Anflug eine Menge zu tun hat, um möglichst viele Gefahrenmomente einer Notlandung zu reduzieren, muß man in allererster Linie darauf achten, daß man die Kontrolle über das Flugzeug behält. Was die Position des Fahrwerks betrifft, gibt es keine allgemein gültige Regel. Bei Notlandungen in rauhem Gelände oder in Bäumen kann ein ausgefahrenes Fahrwerk noch mehr Schutz bieten, es besteht allerdings dabei die Gefahr, daß die Tanks aufgerissen werden. In weichem Gelände oder auf gepflügten Feldern ist es in der Regel besser, das Fahrwerk eingefahren zu lassen – die Gefahr von Beschädigungen ist dann geringer als mit ausgefahrenem Fahrwerk.

Beim Anflug sollte man die Motorleistung, falls verfügbar, entsprechend einsetzen. Aber sobald man das Notlandefeld erreicht hat, kann das Ausschalten der Zündung und das Schließen des Brandhahnes die Brandgefahr erheblich reduzieren.

Drei wichtige Dinge müssen beim Anflug beachtet werden: Wind-

richtung und -Geschwindigkeit, Hindernisse, im Anflugsektor sowie die Größe und Neigung des Landefeldes. Da diese drei Faktoren kaum je nach Wunsch ausfallen dürften, sollte man einen Kompromiß wählen, der Schätzfehler am wenigsten gefährlich macht.
Es ist besser, einen freien Anflug bei Quer- oder sogar Rückenwind zu wählen anstatt einen risikoreichen Anflug über Bäume
oder Hochspannungsleitungen. Eine Kollision mit einem Hindernis am Ende des Bremsweges ist weniger gefährlich als im Anflug.
Wenn man in sehr begrenztem Gelände landen muß, sollte man
versuchen, auf jeden Fall aufzusetzen, bevor man auf Bäume auf-
prallt. Ein Flugzeug verzögert am Boden schlitternd viel schneller
als in der Luft, im Notfall sollte man es zum Aufsetzen zwingen,
und nicht darauf warten, bis es sich von selbst hinsetzt. Es wird oft
empfohlen, zwischen zwei Bäume zu fliegen, um das Flugzeug zu
verzögern, aber es ist entschieden besser, den Kontakt mit Hindernissen möglichst zu vermeiden, solange man noch in der Luft ist.
Das Aufsetzen sollte in niedrigem, dichtem Gebüsch oder in kleinen Bäumen erfolgen. In diesem Fall ist es am besten, die Nase
hoch zu nehmen und die Geschwindigkeit so zu halten, daß das
Flugzeug noch steuerbar ist. Das Laubwerk mildert den Aufprall
ab und sorgt für eine gleichförmige Verzögerung. Ist man gezwungen, in hohem Baumbestand zu landen, so sind einige wichtige Regeln zu beachten, um die Überlebenschancen zu verbessern. Wenn
möglich, sollte man eine Fläche mit gleichmäßig hohen, dichten
Baumkronen auswählen. Ein Aufprall auf einzelnen großen Bäumen dagegen führt zu einem gefährlichen Sturz zum Boden, sobald
die Maschine zum Halten gekommen ist. Man sollte die für das
Flugzeug empfohlene Landekonfiguration wählen, mit Fahrwerk
und Klappen ausgefahren. Der Kontakt mit den Hindernissen sollte bei geringstmöglicher Geschwindigkeit und mit hochgezogener
Nase erfolgen. Ohne die Maschine zu überziehen, »hängt« man sie
in die Baumkronen, möglichst mit gleichzeitigem Kontakt des
Rumpfbodens und beider Flügel. Damit erreicht man die gewünschte Verzögerung und vermeidet eine Zerstörung der Frontscheibe.
Landungen in offenen Berghängen scheinen manchmal vorteilhaf-
ter, erfordern aber mehr Geschicklichkeit. So weit wie möglich,
sollte hangaufwärts gelandet werden, aber dabei ist darauf zu ach-

160

ten, daß man ausreichend schnell ist, um kurz vor dem Aufsetzen noch eine große Änderung der Nicklage durchführen zu können. Wichtig ist, daß man die Differenz zwischen dem Gleitwinkel und der Hangneigung genau im Auge behält. Man darf dabei nicht vergessen, daß man unmittelbar vor dem Aufsetzen abrupt vom Gleitflug in einen kurzen Steigflug übergehen muß. Ein normaler Sinkflug mit 500 Fuß pro Minute bei 45 Knoten entspricht einem Gleitwinkel von 6 Grad. Wenn der Hang, auf dem man landen will, eine Neigung von 24 Grad hat, muß man die Nicklage vor dem Aufsetzen um mindestens 30 Grad ändern.

Jede Notlandung hat ihre spezifischen Problem mit vielen Unbekannten. Es gibt keine feste Regel, wie man den Anflug einzuteilen hat. Manchmal bleibt kaum ausreichend Zeit dazu. Wichtig ist, daß man die ausgewählte Landefläche mit normalem Flugverfahren anfliegt – mit Slippen, S-Kurven und guter Geschwindigkeitskontrolle.

Die Wahl von Notlandeplätzen wird schon durch die Flugvorbereitung beeinflußt. Streckenführung und Flughöhe können darüber entscheiden, wieviele Möglichkeiten man im Notfall hat. Der einzige Zeitraum, der dem Piloten keine oder nur eine äußerst begrenzte Wahl läßt, ist der Startvorgang. Aber selbst dann verhelfen die beschriebenen Verfahren zu der Erkenntnis, daß man die Überlebenschancen bei einer unvermeidlichen Bruchlandung erheblich verbessern kann, wenn man die Richtung des Aufschlags nur um wenige Grad verändert.

Wenn der Notfall in größerer Höhe eintritt, sollte man zunächst einmal ein größeres Gebiet für die Notlandung aussuchen, nicht schon ein ganz spezielles Feld. Denn aus der Höhe sind die Bodenverhältnisse nicht genau genug zu beurteilen, und man verschenkt eventuell zu viel Höhe damit, ein schlecht geeignetes Gelände anzufliegen. Erst wenn man sich der Beschaffenheit eines Feldes ziemlich sicher ist, sollte man es endgültig ins Auge fassen, und es ist anzuraten, rechtzeitig noch den Anflug zu ändern, wenn man in der Nähe ein offensichtlich besseres Feld entdeckt. Aber zu oft darf man in geringer Höhe natürlich seine Meinung nicht mehr ändern: Eine gut durchgeführte Notlandung in schlechtem Gelände ist immer noch besser als ein unkontrollierter Bruch auf der Piste eines Flughafens.

29. Schweben, Schweben, Schweben

Ein Triebwerksausfall in großer Höhe muß kein Alptraum sein. Notlandlungen können leicht und sicher durchgeführt werden, wenn man die beste Gleitgeschwindigkeit seines Flugzeuges kennt und weiß, wie weit die Maschine damit kommt. Daraus läßt sich dann sowohl der Aktionsradius bei Motorausfall bestimmen, als auch die erforderliche Mindestflughöhe in verschiedenen Situationen. Obwohl es sich hier um eigentlich sehr wichtige Informationen handelt, vor allem für Einmot-Piloten, die über dichtbesiedeltem oder rauhem Gelände fliegen – sind nur in wenigen Flughandbüchern entsprechende Angaben zu finden. Man kann sich aber mit einigen einfachen Rechnungen und Messungen selbst helfen.

Als Gleitzahl bezeichnet man das Verhältnis von Auftrieb zu Widerstand eines Flugzeugs. Sie gibt an, wie weit eine Maschine im Verhältnis zu ihrer Flughöhe gleiten kann. Ein aerodynamisch schlechtes Flugzeug hat beispielsweise eine Gleitzahl von 6 : 1, das bedeutet, daß es aus 1000 m Höhe noch 6 km weit fliegen kann. Moderne Verkehrsflugzeuge haben Gleitzahlen von etwa 14 : 1, während Hochleistungs-Segelflugzeuge bereits Werte von bis zu 50 : 1 erreichen. Grundsätzlich kann jedes Flugzeug, unabhängig von seiner Flächenbelastung, als Segelflugzeug gleiten. NASA-Testpiloten wie beispielsweise Neil Armstrong haben mit der North American X-15 antriebslose Landungen gemacht, obwohl deren Sinkrate höher ist als die horizontale Anfluggeschwindigkeit der meisten Leichtflugzeuge.

Wenn ein Flughandbuch tatsächlich Informationen über das Gleitvermögen enthält, genügt es völlig, sich die Geschwindigkeit für bestes Gleiten und die Gleitzahl zu merken. Stehen diese Daten nicht zur Verfügung, dann kann man sie in einem einfachen Flugversuch selbst ermitteln. Da die Gleitzahl auch als Verhältnis der Horizontalgeschwindigkeit dividiert durch die Sinkgeschwindigkeit ausgedrückt werden kann, muß man diejenige Geschwindigkeit herausfinden, bei der man am weitesten gleiten kann. Man wählt zunächst einen Geschwindigkeitsbereich aus, von dem man vermutet, daß dazwischen irgendwo die beste Gleitgeschwindigkeit liegt. Dann bereitet man eine kleine Tabelle vor mit Spalten für je 5 Knoten, in die man im Flug die entsprechenden Daten eintragen kann.

Für den Flugversuch wählt man eine ruhige Wetterlage aus, um alle Turbulenz-Einflüsse möglichst auszuschalten. In einer sicheren Flughöhe reduziert man die Motorleistung auf Leerlauf und beginnt mit Klappen und Fahrwerk eingefahren zu gleiten. Die Flügel sind waagerecht zu halten und die gewählte Geschwindigkeit mit dem Höhenruder genau zu stabilisieren. Dann nimmt man die Zeit und die Höhe und fliegt drei Minuten und notiert wieder die Höhe. Vor und nach jedem dieser Gleitflüge muß die Außentemperatur registriert werden, um später die genaue Geschwindigkeit gegenüber der Luft errechnen zu können. Zwischen den Versuchsflugabschnitten sollte man einige Minuten lang leicht Gas geben, um den Motor auf Temperatur zu bringen, bevor man wieder auf die Ausgangshöhe für den nächsten Versuch steigt, denn bei den Gleitflügen fallen die Zylinderkopftemperaturen ziemlich stark ab.

Das Triebwerk sollte am besten auf Null-Schub eingestellt werden. Einige Flughandbücher für Flugzeuge mit Constant-speed-Propellern enthalten diese Information, andernfalls besteht nur die Möglichkeit, bei diesen Tests eine gleichmäßige Leerlaufdrehzahl zu wählen. Bei Flugzeugen mit Festpropeller kann man den Leerlauf durch Betätigung der Vorwärmung noch verringern, und damit den Widerstand des stehenden Propellers simulieren.

Mit den gewonnenen Daten kann man dann eine Gleitflug-Polare erstellen, die die Sinkrate bei allen Geschwindigkeiten angibt. Für jede untersuchte Geschwindigkeit ermittelt man den Höhenverlust zwischen Beginn und Ende des Gleitflugs und dividiert diesen Wert durch die gemessene Zeit. Das ergibt dann die genauen Sinkraten. Diese Werte trägt man in ein Diagramm gegenüber den gemessenen Gleitgeschwindigkeiten ein (als wahre Fluggeschwindigkeit, ermittelt unter Berücksichtigung der Außentemperatur) und verbindet die gewonnenen Punkte mit einer Kurve. Da ist nun die Gleitflugpolare. Um die Geschwindigkeit des besten Gleitens zu finden, zieht man vom Nullpunkt des Diagramms eine gerade Tangentenlinie zu dieser Kurve. Am Berührungspunkt läßt sich dann die gesuchte Geschwindigkeit ablesen.

Keine andere Kombination von Geschwindigkeit und Sinkrate ermöglicht bei Motorausfall einen weiteren Gleitflug als die mit dieser Methode gefundene. Auch wenn die Flugzeugnase bei dieser Fahrt etwas tief scheint, würde jedes Ziehen die Gleitdistanz auf jeden Fall verkürzen und die Chancen verschlechtern, daß man die Landebahn oder das Notlandefeld noch erreicht.

Überraschend ist, daß diese Geschwindigkeit für bestes Gleiten höher liegt als diejenige für geringstes Sinken. Beträgt die Gleitzahl bei optimaler Geschwindigkeit beispielsweise 8 : 1, so reduziert sie sich bei der Geschwindigkeit für bestes Sinken auf etwa 7,6 : 1. Man bleibt dann zwar länger oben, legt aber eine kürzere Strecke zurück.

Zugegeben, es entsteht ein Fehler bei der Gleitzahl-Berechnung, wenn man die Schrägfluggeschwindigkeit aus der Fahrtmesseranzeige entnimmt anstatt der genauen Horizontalgeschwindigkeit über Grund. Aber bei Flugzeugen mit Gleitzahlen über 7 : 1 ist der Gleitwinkel zum Horizont so gering, daß der Fehler unter 1 Prozent bleibt.

Um das Beste aus der Gleitzahl eines Flugzeugs herauszuholen, muß man wissen, wie die Geschwindigkeit für bestes Gleiten vom Gewicht, von der Höhe und von den Windverhältnissen beeinflußt wird. Das Fluggewicht hat auf die Gleitdistanz keinen Einfluß, wenn man die Geschwindigkeit entsprechend ändert: Eine Cherokee aus Blei gleitet genauso weit wie eine aus Balsaholz. Aber je schwerer die Maschine, desto schneller muß man fliegen, um die beste Gleitzahl zu erreichen. Die Differenz zwischen dem kleinsten und größten Fluggewicht von Flugzeugen der Allgemeinen Luftfahrt beträgt rund 40 Prozent des Maximalgewichts, so daß die Geschwindigkeitsvariation zwischen diesen Extremen unter 25 Prozent liegt. Segelflugpiloten nutzen dieses Phänomen, indem sie bei Überlandflügen Wasserballast an Bord nehmen, um die Geschwindigkeit bei der besten Gleitzahl zu erhöhen. Sie haben dann natürlich eine höhere Sinkrate, aber das bedeutet nur, daß sie weniger Zeit haben, um den nächsten Aufwind zu finden.

Auch die Flughöhe hat keinen Einfluß auf die Gleitzahl, vorausgesetzt, daß während des ganzen Sinkflugs die angezeigte Geschwindigkeit konstant bleibt. Obwohl die wahre Geschwindigkeit mit der Höhe abnimmt, bleibt bei Windstille die Gleitzahl konstant. Wenn man für sein Flugzeug eine Gleitzahl von 11 : 1 in 10 000 Fuß ermittelt hat, dann bleibt dieser Wert auch in Seehöhe dergleiche, solange die angezeigte Geschwindigkeit beibehalten wird. Da die wahre Fluggeschwindigkeit in großer Höhe ansteigt, muß auch die vertikale Geschwindigkeitskomponente größer sein, so daß man sich nicht über eine hohe Sinkrate zu wundern braucht.

Der Wind beeinflußt natürlich die Gleitdistanz, man muß deshalb bei Gegenwind etwas über der Geschwindigkeit für bestes Gleiten fliegen. Umgekehrt soll man bei Rückenwind etwas langsamer fliegen. Auf den ersten Blick klingt dies nicht ganz logisch, aber ein Beispiel macht alles klar: Wenn ein Flugzeug mit einer Geschwindigkeit für bestes Gleiten von 60 Knoten in einem Gegenwind von ebenfalls 60 Knoten fliegt, kommt es keinen Meter weiter – es muß schneller gleiten.

Wenn es in allen Flugzeugen eine Anstellwinkel-Anzeige gäbe, wäre dieses Kapitel eigentlich überflüssig, denn es gibt einen ganz bestimmten Anstellwinkel, bei dem ein Flugzeug seine beste Gleitdistanz erreicht. Dieser optimale Anstellwinkel ist unabhängig von allen Einflüssen der Atmosphäre oder des Flugzeuggewichts, nur der Wind muß berücksichtigt werden. Da die Piloten heute nur mit der angezeigten Geschwindigkeit fliegen müssen, steht man vor dem Problem, diejenige Geschwindigkeit zu finden, die dem Anstellwinkel für die beste Gleitzeit entspricht. Alles wäre viel einfacher, wenn es ein Anzeigegerät gäbe mit einer roten Markierung für den besten Anstellwinkel.

30. IFR oder VFR?

Viele Piloten glauben immer noch, IFR-Fliegen sei schwieriger als VFR-Fliegen. Andere behaupten, IFR ist sicherer als VFR, aber aus einer statistischen Untersuchung ging hervor, daß IFR-Piloten in mehr Unfälle verwickelt waren, einschließlich Unfällen aus Wettergründen, als andere (wobei die IFR-Piloten nicht notwendigerweise nach IFR geflogen waren). Statistiken jedoch können unterschiedlich interpretiert werden, und man könnte sich ohne weiteres eine Untersuchung vorstellen, die zu einem genau entgegengesetzten Ergebnis kommt.

IFR ist grundsätzlich leichter als VFR und bietet mehr Sicherheitschancen. Dabei ist das Wort »Chancen« sehr wichtig, denn wenn IFR-Piloten nicht ausreichend in Übung bleiben und wenn sie der Versuchung erliegen, bei Schlechtwetteranflügen die Minima nicht genau zu beachten, dann kann IFR tödlich sein. Genauso, wie wenn ein VFR-Pilot leichtsinnig in schlechtes Wetter fliegt.

Man muß sich von der Vorstellung lösen, IFR-Fliegen bedeute, daß man immer bei dichtem Nebel startet, durch 10 000 Fuß dicke Wolken steigt, im Reiseflug durch Gewitter und Hagelschauer fliegt und bei wenigen hundert Metern Sicht wieder landet. Viele Piloten haben es sich angewöhnt, jeden Flug nach IFR durchzuführen, unabhängig von den Wetterverhältnissen, und sie nutzen damit alle Vorteile dieser Methode. Denn mit einem IFR-Flugplan kann man auf Strecke eben auch kleinere Gebiete mit schlechter Sicht anfliegen, oder man kann pünktlich starten, auch wenn eine Wolkendecke über dem Platz liegt. Man braucht manchmal für die IFR-Verfahren zwar mehr Zeit, und die Luftstraßen kosten manchen Umweg, aber wenn man diese Einbußen abwägt gegen VFR-Flüge, bei denen man aus Wettergründen ungünstige Höhen oder um Schlechtwettergebiete herumfliegen muß, dann ist das IFR-Fliegen auf jeden Fall die schnellste Methode – und die sicherste.

166

Es ist einfacher, einen Flug nach IFR zu planen als nach VFR. Die Luftstraßen mit ihren Streckendistanzen und Kursen findet man in den Jeppesen-Karten, ebenso die sicheren Mindesthöhen und spezielle Abflug-Verfahren, wenn Hindernisse vorhanden sind. Für die VFR-Flugvorbereitung dagegen braucht man außer den Karten noch diverse Hilfsmittel, um die Kurse zu ermitteln, man muß die Geländehöhen und Hindernisse aus den Karten herauslesen, ganz zu schweigen vom umständlichen Falten der Karten an Bord. Wenn man die IFR-Verfahren anwendet, fliegt man automatisch in sicheren Höhenbereichen. Ein VFR-Pilot ist auf sich selbst angewiesen.

Die Beachtung des Wetters bei einem IFR-Flug ist nicht aufwendiger als für VFR. Wenn man VFR fliegt, muß man sich auf jedem Kilometer der Flugstrecke um Wolkenuntergrenzen und Sichten kümmern. Bei IFR hat dies eine viel geringere Bedeutung.

Ein IFR-Pilot tendiert dazu, seinen Flug gründlicher zu organisieren und vorzubereiten, was zur Sicherheit erheblich beiträgt. Die Funk- und Navigationsgeräte werden im voraus eingestellt, die Karten handlich gefaltet und alle wichtigen Frequenzen notiert. Bevor er eine Freigabe einholt, ist ein guter IFR-Pilot bestens präpariert, während viele VFR-Piloten erst dann zu denken anfangen, wenn sie den Motor anlassen oder auf die Sprechtaste drücken.

Schon beim Steigflug ist der IFR-Pilot im Vorteil. Denn außer an Tagen ohne Bewölkung unter 10 000 Fuß muß man bei VFR oft schon in geringen Höhen bei Turbulenz den Steigflug beenden oder um Wolkenbänke herumsteigen. Ein IFR-Pilot steigt dagegen entsprechend seiner Freigabe, und befindet sich dabei meist schon auf seinem geplanten Kurs.

Fast alle IFR-Flüge führen genau entlang den Luftstraßen. Der Pilot braucht nur auf Anweisung seine Frequenzen zu ändern, sein VOR einzustellen, den Funkverkehr führen und den Transponder bedienen. Es gibt kaum eine andere Methode zu navigieren und lange Strecken zu fliegen. IFR-Piloten gehen selten verloren, und wenn sie vom vorgeschriebenen Flugweg abzuweichen beginnen, meldet sich der Fluglotse, bevor das Flugzeug mehr als drei oder vier Meilen von der Luftstraßen-Mittellinie entfernt ist. Nur bei wenigen Flügen muß sich ein IFR-Pilot um problematische Bedingungen auf der Strecke kümmern, und zwar wenn Gewitter oder

Vereisungsbedingungen auftreten. Doch mit IFR hat man auch dann noch wesentliche Vorteile: Man braucht nicht frei von Wolken zu bleiben und ist auf einer Funkfrequenz mit anderen Piloten, die unter den gleichen Bedingungen fliegen. Oft ist es möglich, dadurch sehr frühzeitig Gefahren zu erkennen, und auch der Fluglotse sieht auf seinem Radarschirm zumindest einige der schweren Gewitterkerne.

Zwar verlaufen viele VFR-Flüge genauso angenehm und ohne Zwischenfälle wie IFR-Flüge, aber bei schwierigen Wetterverhältnissen wird VFR auf jeden Fall risikoreicher. Schlechtes Wetter ist nach wie vor die häufigste Ursache von Unfällen in der Allgemeinen Luftfahrt. Das ist leicht einzusehen, denn wenn ein VFR-Pilot den Punkt erreicht, wo plötzlich überall die Bewölkung zunimmt, dann schwinden alle seine Chancen. Die Wolken sind nicht nur eine gesetzliche Barriere, sondern eben auch eine ausgesprochene Gefahr für den VFR-Piloten. Wer schon viele VFR-Streckenflüge hinter sich hat, kennt diese unangenehmen Situationen, die man nicht gerne wiedererleben möchte. Nur wenige solcher Erlebnisse reichen aus, um die persönlichen VFR-Minima zu verdoppeln, und IFR scheint doppelt so attraktiv wie vorher. Daß VFR sicherer sei als IFR, gaubt man dann auf jeden Fall nicht mehr.

Als IFR-Pilot bekommt man normalerweise auch Radarhilfe, sofern die Arbeitsbelastung der Lotsen dies zuläßt. Damit ist nicht gesagt, daß man auf die eigene Luftraumbeobachtung verzichten soll, aber man hat doch eine wertvolle zusätzliche Hilfe, um die Verkehrslage zu verfolgen. Der Radarlotse sieht auf jeden Fall mehr als man selbst bei gutem Wetter mit dem Auge erkennen kann. Dieser Service steht zwar auch VFR-Piloten zur Verfügung, aber nur in begrenztem Umfang.

Die VFR-Fliegerei hat natürlich nach wie vor ihre Berechtigung. Es geht hier nur darum, die Legende zu widerlegen, daß VFR leichter und sicherer sei als IFR. Wenn ein Pilot gut in Übung ist, bietet IFR weit mehr Sicherheitschancen als VFR, außer vielleicht an völlig klaren Tagen. Es gibt nur wenige Situationen in denen VFR Vorteile bietet: Wenn beispielsweise Vereisungsbedingungen herrschen und man VFR unter den Wolken bleiben kann. Wenn viele Gewitter auf den Luftstraßen stehen, und der Fluglotse wegen der Verkehrslage keine Ausweichrouten freigeben kann, weiter abseits aber VFR-Bedingungen herrschen, dann ist es oft am besten, von IFR auf VFR überzugehen. Auch ein starker Gegenwind in größerer Höhe kann es ratsam erscheinen lassen, VFR in geringer Höhe weiterzufliegen. Aber in den meisten Fällen bietet IFR die beste Sicherheit – wenn der Pilot seine Sache beherrscht.

31. Der Fehlanflug

Der Fehlanflug ist bei weitem das schwierigste Manöver für einen IFR-Piloten. Es kommt als unerhoffte, böse Überraschung, wenn man gerade glaubt, einen schwierigen Anflug zum guten Abschluß bringen zu können. Und diese Situation erfordert ein plötzliches, totales Umdenken gerade dann, wenn man in kritischer Konfiguration in kritischer Höhe hängt. Ist man vorher noch darauf konzentriert, einen ruhigen Sinkflug durchzuführen, und durch die Frontscheibe jeden Moment das Auftauchen der Landebahn zu erwarten, so findet man sich von einer Sekunde zur anderen plötzlich in einem Vollgas-Steigflug wieder, in einem völlig vertrimmten Flugzeug, und die Gedanken wirbeln wie verrückt durcheinander. Die Folgen eines nicht erfolgreich durchgeführten Durchstartmanövers sind meist fatal. Dabei liegen die Schwachpunkte meist in der Cockpit-Disziplin, nicht so sehr beim eigentlichen fliegerischen Können. Es geht einfach darum, so schnell wie möglich das Denken vom Sinkflug auf Steigflug umzuschalten.

Dabei wäre die Sache so einfach: Man sollte nie unter die Entscheidungshöhe sinken, bevor die Landebahn noch nicht in Sicht und das Flugzeug in genau der richtigen Position ist. Das fällt oft schwer, wenn man direkt unter sich durch ein Wolkenloch die vertraute Landschaft sieht oder vielleicht sogar schon eine Ecke des Flughafengeländes. Und dann fühlt man einen verführerischen Drang, einfach hinunterzutauchen und nach Sicht anzufliegen. Instinktiv will man das Gas zurücknehmen, die Klappen voll setzen und auf die irgendwo verborgene Landebahn zusteuern. Dagegen muß man ganz bewußt ankämpfen. Denn oft ist im Nebel die Sicht senkrecht nach unten zwar gut, in horizontaler Richtung aber sehr schlecht. Selbst erfahrene Berufspiloten mußten schon erkennen, daß etwas zwar sehr oft gut gehen kann, aber leider nicht immer. Piloten von kleinen Flugzeugen haben ein besonderes Problem der

Cockpit-Disziplin. Passagiere reden ihnen in falsch verstandener Hilfsbereitschaft in ihre Arbeit hinein, sie glauben irgendwo durch den Nebel die Befeuerung entdeckt zu haben und tragen damit erst recht zur Verwirrung der Situation bei. Ein Fehlanflug kann die unangenehme Folge sein. Bevor man also einen schwierigen Anflug beginnt, sollte man den Passagieren strikt das Sprechen verbieten, bis sie das Quietschen der Reifen auf der Landebahn hören. Wenn man einen vertrauenswürdigen Co-Piloten hat, sollte er die Aufgabe übernehmen, nach der Landebahn Ausschau zu halten. Wichtig ist, daß man unbedingt nur durch die Frontscheibe blickt, was draußen vor den Seitenfenstern passiert, ist uninteressant. Erst wenn man die Landebahn vorne durch die Frontscheibe direkt auf sich zukommen sieht, ist die Landung einigermaßen sicher.

Es ist auch anzuraten, für sich persönlich Minima festzulegen, die man nicht unterschreitet. Die in den Karten ausgedruckten Minima gelten nicht für jeden Piloten, denn sie setzen eine gewisse Übung bei der Durchführung von Fehlanflügen voraus, die zumindest ein neuer IFR-Pilot noch nicht haben kann. Er braucht eine kleine zusätzliche Sicherheitsspanne. Selbst Airline-Piloten, die auf neue Typen umsteigen, müssen für eine gewisse Zeit höhere Minima einhalten.

Viele ältere IFR-Piloten geben offen zu, daß sie im Laufe der Zeit immer mehr Fehlanflüge erleben. Die Gründe dafür können sehr verschieden sein: Treibstoffmangel, Vereisung oder auch die Furcht, daß die Situation am Ausweichplatz genauso oder noch schlimmer sein könnte. Die richtige Einstellung zu diesem Problem bekommt man, wenn man jeden IFR-Flug so beginnt, als ob am Zielflugplatz mit einem Fehlanflug zu rechnen wäre. Das bedeutet: ausreichenden Kraftstoffvorrat mitnehmen, nicht nur einen, sondern zwei Ausweichplätze einplanen, beim Sinkflug nicht so viel Eis ansetzen lassen, daß man nicht mehr steigen kann, Fehlanflug-Verfahren vorher gedanklich durchspielen und Streckenführung, Höhe und Navigationspunkte zum Ausweichplatz aufschreiben. Und vor dem Beginn des Sinkflugs sollte man das zweite Navigationsgerät bereits für das Fehlanflug-Verfahren einstellen. Kurz gesagt, man darf sich nicht in eine Situation bringen, aus der es als einzigen Ausweg nur die Landung gibt. Wenn man dieser Grundregel folgt, vermeidet man den psychischen Druck, und dann ist ein Durchstartmanöver keine so schwierige Angelegenheit mehr.

Wie bei jedem anderen IFR-Verfahren, sollte man sich auch das Training von Fehlanflügen für einen klaren Tag mit besten Sichtverhältnissen vorbehalten. Man steigt dabei auf etwa 1000 Fuß und geht in Konfiguration für einen Standard-IFR-Anflug über mit entsprechender Sinkrate. Dann schiebt man die Leistung wie bei einem Fehlanflug voll hinein und beobachtet genau, was beim Übergang zum Steigflug vor sich geht: Wie stark muß man trimmen? Wie lange dauert das Zurücknehmen der Klappen von Lande- in Steigposition? Wie ist die genaue Nicklage am künstlichen Horizont bei Beginn des Fehlanflugs, und wie ändert sie sich beim Einfahren von Fahrwerk und Klappen? Ist die Maschine voll besetzt oder nicht? Wie groß ist der Rollanzeigefehler des künstlichen Horizonts beim Übergang vom Sink- zum Steigflug (alle künstlichen Horizonte haben je nach Größe und Art der Beschleunigung Anzeigefehler!). Diese Übung sollte man mindestens ein dutzendmal durchführen, sowohl nach Sicht als auch mit der Haube, und in Begleitung eines Checkpiloten.

Wenn man das beherrscht, kann man echte Fehlanflüge üben. Das klingt zunächst abschreckend: Wer fliegt schon einen Platz unter Wetterverhältnissen an, die an der Grenze der Minima liegen? Aber solange man nicht wirklich einige Fehlanflüge hat durchführen müssen, ist man in der IFR-Fliegerei nicht perfekt. Da man vor kritischen IFR-Lagen meist zurückschreckt, fliegen viele Piloten selbst die leichtesten Anflüge oft mit Schweiß auf der Stirn. Das ändert sich erst, wenn man einige Fehlanflüge hinter sich hat. Aber es ist besser, diese Erfahrung nach eigener Entscheidung unter sorgfältig gewählten Wetterbedingungen zu machen, als sich dem puren Zufall zu überlassen.

Die perfekten Wetterbedingungen für eine Fehlanflugübung sind Wolkenuntergrenzen von etwa 100 Fuß unter dem persönlichen Minimum (jedoch nicht unter 300 Fuß über Grund), über ebenem Gelände mit guter Sicht von mehr als drei Kilometern unter den Wolken, mit niedriger Wolkenobergrenze und ausgezeichneten VFR-Bedingungen im weiteren Umkreis von 100 bis 150 Kilometern.

Die gute Sicht unter den Wolken gibt das Vertrauen, daß man nicht

172

in Grund und Boden fliegt, ohne ihn je gesehen zu haben. An solchen Tagen herrscht auch wenig Verkehr, so daß man auch andere Piloten nicht behindert, vor allem auf kleineren Flugplätzen. Auch wenn es nervenaufreibend ist, immer wieder zwischen gutem und schlechtem Wetter zu wechseln, sollte man hintereinander einige solcher Anflüge üben. Man kann zwar einen Fluglehrer mitnehmen, aber es ist am besten, diese Übungen alleine durchzuführen. Ein vertrauenswürdiger Copilot stört dabei nicht, doch man sollte klarstellen, daß man selbst in-command ist, sonst gewinnt man nicht das nötige Vertrauen.

Man wird feststellen, daß echte Fehlanflüge relativ einfach durchzuführen sind, vorausgesetzt daß die vorherigen VFR-Übungen geklappt haben. Wenn man sich an die eiserne IFR-Regel hält – fliegen, navigieren, Funkverkehr führen, und zwar genau in dieser Reihenfolge – dann geht man kaum verloren. Wichtig ist dabei, daß man beim Gasgeben gleichzeitig genau den künstlichen Horizont beobachtet. Die Flügel werden horizontal gehalten, die richtige Nicklage eingenommen, dann achtet man auf den Wendezeiger und hält die Kugel in der Mitte. Gerade die Mißachtung dieser Reihenfolge ist der häufigste und gefährlichste Fehler von IFR-Anfängern. Sie kümmern sich in diesem kritischen Moment zu sehr um Fahrt, Höhe und Kurs. Die VFR-Übungen sollten jedoch klargemacht haben, daß sich alle diese Größen praktisch von selbst einregulieren, wenn man zuerst auf den künstlichen Horizont achtet, die Flügel horizontal hält und die Nicklage korrekt einnimmt. Erst dann richtet man seine Aufmerksamkeit auf das Einfahren von Fahrwerk und Klappen, auf die Trimmung und die Kühlluftklappen, falls vorhanden.

Das Ausrichten der Flügel ist in der Tat die erste und wichtigste Aktion, denn oft liegt die Maschine schräg, weil man versucht, sie auf eine noch kaum zu erkennende Landebahn auszurichten. Damit wird jeder Kurvenflug sofort gestoppt, der sich beim ständigen Starren aus dem Cockpit oder beim letzten Versuch ergeben haben könnte, den Landekurs zu erwischen. Sobald die Flügel waagerecht sind, muß man sofort die richtige Nicklage für den Steigflug einnehmen. Dann ist genau auf die Mittellage der Kugel im Wendezeiger zu achten, denn ein Flugzeug steigt dann am besten, aber auch die Wendeanzeige ist mit dem Horizont zu vergleichen.

Wenn der Steigflug stabilisiert ist, muß man sich um die Navigation kümmern. Hat man VOR und ADF nicht schon vorher für einen Fehlanflug entsprechend eingestellt, muß man es jetzt tun, um den richtigen Kurs für das Fehlanflug-Verfahren zu finden. Dabei darf man nie vergessen, den Steigflug weiterzuführen – die Navigation ist immer zweitrangig.

Als letztes kommt der Funksprechverkehr an die Reihe. Dabei sollte man allerdings nicht so lange warten, bis man das nächste Funkfeuer erreicht und den Warteflug eingeleitet hat, bevor man der Flugsicherung den Fehlanflug mitteilt. Wenn man eine Ecke des Flugplatzes zwar gesehen hat, aber nicht in einer Position für eine Landung war, dann sollte man erneut einen Anflug versuchen. Das ist kein Grund zur Aufregung, denn auch Airline-Piloten machen manchmal mehrere Anflüge, bevor sie entweder landen oder endgültig aufgeben. Wenn ein zweiter Versuch sinnlos erscheint, geht man am besten gleich auf Kurs zum Ausweichflughafen. Auf jeden Fall ist es besser, seine Entscheidung zu treffen, bevor man die Flugsicherung ruft, so daß man dem Lotsen sofort sagen kann, was man vorhat.

Wenn man einen Fehlanflug in seine drei wichtigen Bereiche einteilt – Vorplanung, Technik, Disziplin – und sich dies vor dem Einleiten eines Anfluges genau vor Augen hält, dann kann eine Fehlanflug eigentlich kein Problem mehr sein.

Wer wie Sie vom Fliegen
fasziniert ist, will wissen,
was sich in diesem Bereich tut.

FLUG REVUE informiert
über die Fortschritte
der Technik, berichtet über
aufregende Ereignisse und
unterhält mit Persönlichem
aus der Fliegerei.

FLUG REVUE
flugwelt international

– Das internationale Luft-
und Raumfahrt-Magazin.
Die Nr. 1 im
deutschsprachigen Europa.